RATGEBER NUTZTIERE

Sven Seim

Kaninchen

54 Farbfotos
16 Zeichnungen
2., aktualisierte Auflage

Ulmer

Inhalt

Kaninchen als Nutztiere

Kaum ein anderes landwirtschaftliches Nutztier hat so viele Vorzüge wie das Kaninchen. Die Kaninchenhaltung ermöglicht sehr kostengünstig eine teilweise Selbstversorgung mit Fleisch. Ist die Futtergrundlage größtenteils vorhanden, so ist im Hinblick auf die Erzeugungskosten die eigene Arbeitszeit der Hauptfaktor.

Rechte Seite: Die Kaninchenhaltung ist eine schöne und sinnvolle Freizeitbeschäftigung.

Eigentlich kann jeder, der über einen Garten, ein Baumgrundstück oder ein sonstiges Stück Land verfügt, in die Kaninchenhaltung einsteigen. In ländlichen Gegenden ist die Kaninchenhaltung ohne größere Probleme möglich. Aber auch in dicht besiedelten Gebieten kann man Kaninchen halten, da sie sehr ruhige Zeitgenossen sind und keinen Lärm machen. Werden die Stallungen regelmäßig gemistet und ordentlich gereinigt, so entstehen auch keine Geruchsbelästigungen oder Fliegenprobleme.

Aufgrund der Vermehrungsfreudigkeit der Kaninchen und ihrer frühen Zuchtreife mit 4 bis 8 Monaten kann man sich innerhalb kürzester Zeit einen eigenen, von Zukäufen unabhängigen und zuchttauglichen Bestand aufbauen. Hierzu ist eigentlich nur der Kauf einer einzigen, tragenden Häsin nötig. Bezogen auf die Futterfläche erzeugen Kaninchen mehr Fleisch als andere landwirtschaftliche Nutztiere.

Interesse und Verantwortung

Die Kaninchenhaltung ist nicht nur ein nutzbringendes Hobby. Sie wirkt sich auch positiv auf den Menschen aus. Die tägliche Beschäftigung mit den Tieren lässt den Kaninchenhalter die immer hektischer werdende Umgebung leichter ertragen und führt auch Kinder näher an die Natur und das Tier heran. Hierdurch lernen diese fürsorgebewusst zu handeln. Gerade in der Jugend ist eigenverantwortliches Handeln und eine "Aufgabe haben" besonders wichtig. Kaninchenzucht kann so zu einer sehr sinnvollen Freizeitbeschäftigung für Jung und Alt werden.

Was muss ich vor Einstieg in die Kaninchenhaltung alles beachten?

- → Habe ich einen vor Sonne und Regen geschützten, zugluftfreien Platz zum Aufstellen der Käfige?
- → Habe ich die Zeit mich täglich um meine Kaninchen zu kümmern?
- → Haben die Tiere bei mir gesunden Auslauf?
- → Wer versorgt meine Tiere, wenn ich nicht da bin?
- → Was mache ich mit einem Kaninchen, das aufgrund seines Alters nicht mehr zuchttauglich ist?
- → Habe ich das fachliche Wissen einem kranken Tier die nötige Sorgfalt zukommen zu lassen?
- → Wo lagere ich den anfallenden Mist und das benötigte Zubehör?
- → Wie ist es um die Futtergrundlage bestellt und welche Futtermittel stehen mir zur Verfügung?
- → Wie möchte ich die gezüchteten Tiere verwenden?
- → Wer schlachtet mir meine schlachtreifen Tiere?

Berufsstress kann bei der Tierbetreuung abgearbeitet werden: Die Arbeit an der frischen Luft hilft Zivilisationskrankheiten zu verhindern bzw. zu reduzieren. Neben der körperlichen Betätigung erfordert die Kaninchenhaltung auch geistige Beschäftigung. Der aufmerksame und liebevolle Züchter muss ständig dazulernen und seinen Horizont erweitern.

Rechtliches

Gemäß Tierschutzgesetz muss jeder, der ein Tier hält, betreut oder zu betreuen hat,
- "1. das Tier seiner Art und seinen Bedürfnissen entsprechend angemessen ernähren, pflegen und verhaltensgerecht unterbringen,
- 2. er darf die Möglichkeit des Tieres zu artgemäßer Bewegung nicht so einschränken, dass ihm Schmerzen oder vermeidbare Leiden oder Schäden zugefügt werden,
- 3. er muss über die für eine angemessene Ernährung, Pflege und verhaltensgerechte Unterbringung des Tieres erforderlichen Kenntnisse und Fähigkeiten verfügen."

Weiterhin heißt es:
- "Ein warmblütiges Tier darf nur geschlachtet werden, wenn es vor Beginn des Blutentzugs betäubt worden ist."

Das Einhalten dieser gesetzlichen Vorschriften sollte für jeden verantwortungsbewussten Tierhalter selbstverständlich sein. Weiterhin sollte man sich beim zuständigen Bauamt erkundigen, ob und welche Bestimmungen bei der Errichtung eines Kaninchenstalls zu beachten sind, bevor man mit der Planung und dem Bau beginnt.

Eigenheiten und Bedürfnisse

Unser heutiges Hauskaninchen stammt vom Wildkaninchen ab und unterscheidet sich in wesentlichen Merkmalen vom Feldhasen. Wildkaninchen leben zumeist in Sozialverbänden, in so genannten Kolonien zusammen. Dennoch markieren sie ihr Revier durch Kothaufen bzw. durch das Verspritzen von Harn und verständigen sich untereinander durch Klopflaute. Vor allen Dingen männliche Tiere markieren ihr Revier auch mittels Duftstoffen der Kinndrüse.

Die wichtigsten Unterschiede zwischen Hase und Kaninchen

	Kaninchen	Hase
Lebensweise	unterirdischer Bau	freie Feldflur
Trächtigkeitsdauer	30 bis 32 Tage	40 bis 42 Tage
Fortpflanzung	6 bis 8 Würfe, ca. 8 nackte und blinde Junge	ca. 3 bis 4 Würfe, ein oder mehrere Junge, die sehend und behaart geboren werden
Jungtierverhalten	Nesthocker	Nestflüchter
Sozialverhalten	gesellig	ungesellig
Fluchtverhalten	Blume nach unten	Blume nach oben

Skelett eines Kaninchens.

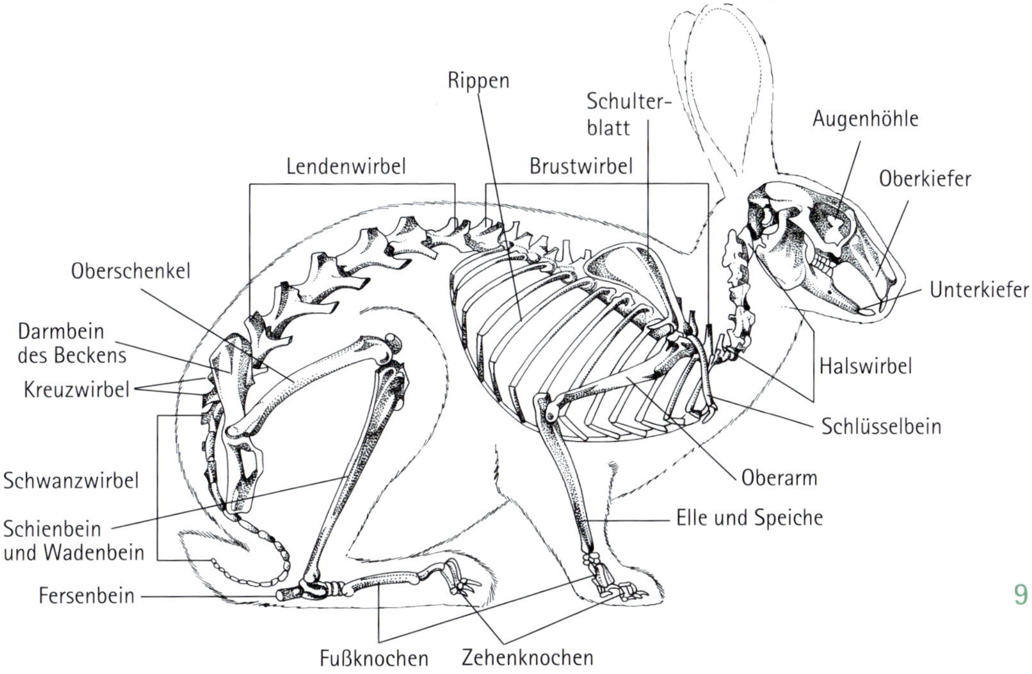

Durch Reiben des Kinns werden Gegenstände markiert.

Verhalten des Kaninchens

Viele Verhaltensweisen der Wildkaninchen finden wir bei unseren domestizierten Kaninchen wieder. Auch sie setzen ihren Kot immer in der gleichen Ecke des Käfigs ab und markieren die Einrichtungsgegenstände und die Buchtenwände mit ihren spezifischen Geruchsstoffen. Besonders bei Rammlern kann man beobachten, wie sie den gesamten Käfig und die Gegenstände mit der Kinndrüse markieren. Durch Harnverspritzen gegenüber Artgenossen bzw. gegenüber dem Betreuer deuten sie an, wo ihr Revier beginnt. Oft zeigen das Harnverspritzen und die Markierung mittels Kinndrüse auch die Deckbereitschaft des Rammlers an.

Die Verständigung bzw. das Abgeben von Warnlauten erfolgt durch das ruckartige Schlagen der Hinterläufe auf den Käfigboden. Dieses "Warnen" weist in der freien Wildbahn auf eine Gefahr hin, während es uns bei den Hauskaninchen signalisiert, dass sie erschreckt worden sind. Besonders leicht erschrecken sie, wenn plötzlich jemand ohne Vorwarnung vor ihrem Käfig steht. Damit die Tiere wissen, dass jemand naht, sollte man sich daher nie leise seinen Kaninchenställen nähern, sondern immer vorher schon zu sprechen beginnen, da die Kaninchen durch die seitlichen Begrenzungen der Stallabteile nicht sehen können, dass jemand auf sie zukommt.

Ein ruhiger Umgang mit den Tieren ist wichtig. Das Sprechen mit ihnen, die pünktliche und ordentliche Versorgung, die Arbeit ohne Hetze fördert die Zutraulichkeit und die Beziehung zwischen Kaninchen und Betreuer.

Wildkaninchen leben zwar in größeren Kolonien zusammen, haben aber innerhalb dieses Verbandes ihr eigenes Revier, das sie gegebenenfalls heftig verteidigen. Deshalb kommen auch bei unseren Hauskaninchen häufig Rangordnungskämpfe vor. Dies ist dann der Fall, wenn die Tiere in Gruppen nach Eintritt der Geschlechtsreife zusammengehalten werden. Besonders Rammler attackieren dann ihre Käfigmitbewohner. Beißwunden auf dem Körper oder an den Ohren können die Folge sein. Auch weibliche Tiere können nach Eintritt in die Geschlechtsreife dieses Verhalten zeigen. Häufiger ist es aber der Rammler, der mit dem Treiben seiner Käfigbewohner beginnt. Deshalb sollte man geschlechtsreife Tiere nicht mehr in Gruppen halten, sondern in Einzelkäfigen unterbringen.

Richtiges Tragen eines Kaninchens

Mit vier Fingern fasst man das Rückenfell in Nähe des Genicks. Mit der anderen Hand stützt man das Hinterteil des Kaninchens und drückt das Tier fest an sich. Bei zappeligen Kaninchen können Sie den Kopf unter die Achselhöhle nehmen: Die Dunkelheit wirkt beruhigend.

Wollen Kaninchen ihren Unmut äußern, knurren sie häufig. Bei Angstzuständen, Gefahr oder Schmerzen können sie auch schreien. Dieses Schreien findet sich oft auch bei Jungrammlern, die das erste Mal eine Häsin decken dürfen, oder bei Altrammlern, wenn diese innerhalb kürzester Zeit 2- bis 3-mal decken dürfen.

Kaninchen saugen oft stoßartig Luft ein, hecheln also regelrecht, und zeigen dabei die typischen Schnupperbewegungen. Häufig reagieren sie mit diesen Schnupperbewegungen auf unbekannte Einrichtungsgegenstände oder ein neuartiges Futter. Durch das Schnuppern können sie die Luft besser auf fremde Geruchsstoffe kontrollieren. Oft machen sie dabei "Männchen".

Kaninchen wollen in gleichen Abständen pünktlich versorgt werden. Falls dies nicht geschieht, werden sie ungeduldig, mürrisch und sind leicht reizbar. Es kann dann vorkommen, dass sie mit schnellen Bewegungen und mit ausgestreckten Vorderläufen den Betreuer kratzen. Bei der Zuchthäsin können Aufgeregtheit und ein etwas aggressives Verhalten auch ihre Deckbereitschaft signalisieren. Aufgeregte, beißlustige oder kratzende Tiere sollte man von der Zucht ausschließen. Allerdings zeigen aggressive Häsinnen oft sehr gute Muttereigenschaften und kümmern sich sehr sorgfältig um ihren Nachwuchs.

So hebt man ein Kaninchen richtig hoch.

Welche Rasse ist die geeignetste?

Bevor man sich auf eine Rasse festlegt, sollte man überlegen, über welche Futtergrundlagen man verfügt. Stehen mehr energiereiche Futtermittel (z.B. Getreide) zur Verfügung, kann durchaus eine größere und schwerere Rasse gewählt werden. Soll dagegen mehr Grünfutter von Wiesen oder Ackerfutter bzw. Zwischenfrüchte verfüttert werden, sollte die Rasse kleiner ausfallen, da kleinere Rassen pro Kilogramm Lebendgewicht das Wirtschaftsfutter besser verwerten als große Rassen.

- → In Relation zum Körpergewicht ist bei kleineren Tieren das Fassungsvermögen der Verdauungsorgane größer und somit kann mehr Grundfutter aufgenommen werden. Außerdem haben kleinere Rassen ein besseres Fleisch-Knochen-Verhältnis.
- → Große Rassen brauchen vergleichsweise mehr Kraftfutter als kleinere Rassen. Die Verwendung größerer Rassen rechnet sich nur, wenn man ihr Wachstumspotenzial ausnutzen kann.

Bei kleineren Rassen kann das Wachstumspotenzial viel leichter ausgeschöpft werden. Schwerere Rassen sind zudem spätreifer und haben einen höheren Futterverbrauch, da sie einen größeren Erhaltungsbedarf haben. Der Erhaltungsbedarf gibt an, wie viel Energie und Eiweiß das Kaninchen pro Tag für die Aufrechterhaltung der normalen Körperfunktionen benötigt, also für die Regulierung der Körpertemperatur, die Ver-

Extreme Größenunterschiede: ein Hermelinkaninchen (links) und ein Deutscher Riese.

Kaninchen haben ein vielseitiges Verhaltensrepertoire.

dauungstätigkeit, die Bewegung und für den Ersatz verbrauchter Körpersubstanz (z.B. Haarverlust bei Haarwechsel). Der Erhaltungsbedarf deckt keine sonstigen Leistungen wie Gewichtszunahme oder Erzeugung von Milch zur Jungtierernährung ab.

Bei der Aufzucht von Jungmastkaninchen ist es vor Eintritt der Geschlechtsreife keinesfalls ratsam die Nährstoffversorgung zu drosseln, da dann das Fleischansatzvermögen nicht voll ausgenutzt wird und dies einer Futtervergeudung gleichkommen würde.

Ein kleineres Tier mit geringerem Erhaltungsbedarf kann die Energie des Futters besser für den Leistungsansatz ausnutzen. Allerdings benötigt das Kaninchen mit zunehmendem Alter unabhängig von seinem Gewicht mehr Energie für eine Gewichtszunahme, da sich dann mehr Fett im Körper einlagert und der Fleischanteil in Relation zur Fetteinlagerung zurückgeht.

Der Energieaufwand des Erhaltungsbedarfs steigt also mit dem Körpergewicht an. Bei der Rassenwahl der Kaninchen kommt somit dem Endgewicht der ausgewachsenen Tiere eine ganz entscheidende Bedeutung zu.

Alaska

Der Körperbau des Alaska-Kaninchens ist breit angelegt, blockig und gedrungen. Die Tiere sind gut bemuskelt und wirken dabei sehr kompakt. Der Hals ist nur gering ausgeprägt und die Kopfpartie erscheint dadurch relativ breit. Das Fell besitzt eine dichte Unterwolle und ist fein und gleichmäßig begrannt. Die Farbe des Felles ist tiefschwarz und wird rein vererbt. Mit zunehmendem Alter wird das Fell oft rostfarbig. Diese mittelgroße Rasse gilt zwar nicht als ausgesprochene Wirtschaftsrasse, hat sich aber bis heute einen treuen Züchterkreis erhalten. Alaska-Kaninchen sind generell schwarz.

	Gewicht	maximal
Alaska	3,25 kg	4 kg

Chinchilla

Die bläulich schimmernde graue Farbe dieser Tiere kommt durch die weiß-schwarzen Deckhaare und die schwarzen Grannenhaare zustande. Das Fell ist schön anzusehen und sehr dicht. Es gibt eine mittelgroße Rasse und eine kleine, die von dieser abstammt (Foto). Der Körperbau des Großchinchilla ist gestreckt, aber walzenförmig und gut bemuskelt. Es ist ein wertvolles Fleischkaninchen, das bei Kreuzungszuchten aufgrund der Bemuskelung vorwiegend auf der Vaterseite eingesetzt wird. Vor allem die Rückenpartie ist stark ausgeprägt und vollfleischig. Die Tiere zeigen nicht nur eine gute Zunahmeleistung, sondern auch eine besonders gute Mutterleistung. Sehr verbreitet ist das Kleinchinchilla. Die Rasse ist frohwüchsig und kommt früh zur Schlachtreife. Die Pflege der Tiere ist problemlos und sie benötigen nicht allzu viel Platz, daher lassen sie sich auch unter bescheideneren Platzverhältnissen halten und züchten. Die Tiere haben einen gedrungenen, breiten, fleischigen Körper. Bei der Zucht sind die dunkleren Farbschattierungen anzustreben, hellere Tiere sind weniger wertvoll.

	Gewicht	maximal
Großchinchilla	über 4,5 kg	5,5 kg
Kleinchinchilla	2,75 kg	3,25 kg

Deilenaar

Diese erst 1975 bei uns anerkannte kleine holländische Rasse besitzt einen kurzen, gedrungenen, walzenförmigen, fleischigen Körper. Die Tiere sind robust und frohwüchsig und recht widerstandsfähig gegen ansteckende Krankheiten. Die Häsinnen gelten im Allgemeinen als gute Muttertiere. Zuchtziel bei dieser Rasse war ein kleines, hasenfarbiges Kaninchen vom Typ des Kleinchinchillas. Die Rasse ist zwar nicht übermäßig verbreitet, die Tiere werden jedoch als recht hochwertig angesehen. Deilenaar-Kaninchen habe eine rotbraune Färbung.

	Gewicht	maximal
Deilenaar	2,75 kg	3,25 kg

Deutsche Riesen

Die Deutschen Riesen sind mit ca. 7 kg Lebendgewicht und einer Ideallänge von 72 cm die schwerste und größte Kaninchenrasse. Das muss unbedingt bei der Größe des Käfigs berücksichtigt werden, die Standardmaße reichen für diese Rasse nicht aus. Die Fütterung sollte eiweiß- und energiereich gestaltet werden. Die großen Ohren ermöglichen im Sommer eine gute Energieabgabe. Die Zuchtreife beginnt bei dieser Rasse relativ spät und auch die Zahl der geworfenen Jungtiere ist häufig etwas geringer. Aufgrund des kräftigen Skelettes ist das Fleisch-Knochen-Verhältnis schlechter als bei anderen Rassen. Nach Eintritt der Zuchtreife darf mit der ersten Anpaarung der weiblichen Tiere nicht zu lange gewartet werden, da sonst die Gefahr einer zu starken Verfettung besteht. Dies hat zur Folge, dass das Eierstockgewebe rückgebildet wird und das Milchdrüsengewebe verfettet. Dadurch wird das Einschießen der Milch in die Zitzen verhindert. Es gibt weiße Deutsche Riesen sowie graue Deutsche Riesen, wobei hier die Farben Wildgrau, Hasengrau, Dunkelgrau, Eisengrau sowie Hasenfarbig auftreten.

	Gewicht	maximal
Deutsche Riesen, grau	Über 7 kg	–
Deutsche Riesen, weiß	über 6,5 kg	–

Unterbringung

Kaninchen können in Bodenhaltung oder in Käfigen gehalten werden. Die Bodenhaltung erfolgt in Gehegen, die sowohl im Freien als auch in Schuppen errichtet werden können. Möglich ist Einzel- und Gruppenhaltung. Somit findet sich für jeden Geschmack und für alle örtlichen Gegebenheiten die passende Unterbringungsmöglichkeit.

Rechte Seite: Ein richtig behagliches Zuhause.

Zunächst sollte man sich Gedanken machen, welche Haltungsform die eigenen Befürfnisse am besten erfüllt. Die Gehegehaltung ist sicher natürlicher, erfordert aber auch viel Platz. Bei der Stallhaltung ist man den Tieren näher und kann sie besser kontrollieren.

Gehegehaltung

Ist die Haltung von Kaninchen in Freigehegen geplant, sollten diese stabil errichtet werden. Die seitlichen Begrenzungen müssen aus verzinktem Maschendraht bestehen, wobei die Maschengröße so zu wählen ist, dass weder erwachsene noch Jungtiere aus dem Gehege krabbeln können. Deshalb sollte der untere Teil der Abgrenzungen zusätzlich mit einem sehr engmaschigen Geflecht umspannt werden. Bei der Höhe des Freigeheges ist darauf zu achten, dass der Tierbetreuer zur Verrichtung der täglichen Arbeit problemlos aufrecht stehen kann.

Da geschlechtsreife weibliche Tiere dazu neigen wie ihre Wildgenossen zum Setzen der Jungtiere Erdröhren anzulegen, muss auch die Bodenfläche mit verzinktem Maschendraht in etwa 50 bis 60 cm Tiefe so ausgelegt werden, dass der unterirdische Maschendraht die äußere Umrandung vollständig erreicht und hier keine Fluchtmöglichkeiten gegeben sind. Zur Vermeidung von Untergrabungen können auch Elektrozäune vor dem eigentlichen Maschendraht des Geheges errichtet werden. Die Drähte sind dann in 10 bis 20 cm Höhe über dem Boden anzubringen. Allerdings müssen hier die relativ hohen Anschaffungskosten des elektrischen Impulsgebers bedacht werden. Deshalb sollte der Hobbyhalter von Anfang an auf ein ausbruchsicheres, in den Boden eingelassenes Drahtgeflecht größten Wert legen.

Zum Schutz vor Greifvögeln (z.B. Habicht) und Raubtieren (z.B. Marder oder Katzen) muss auf eine vollständige Dachabdeckung geachtet werden, die auch schwerere Schneelasten im Winter oder von Bäumen herunterfallende Äste problemlos aushält. Die Gehege müssen mit Hütten, die vor Regen, Schnee und Wind schützen, ausgestattet sein. In die-

Gehegegröße

Bei Gruppenhaltung in einem Freigehege sollten jedem Tier mindestens 2 m^2 Bodenfläche zur Verfügung stehen. Insgesamt soll eine Gruppe wegen der Gefahr der Krankheitsübertragung nicht mehr als 4 bis 5 Tiere umfassen, für die ein Freigehege von 8-10 m^2 Fläche ausreicht.

se setzen Kaninchen oft ihre Jungen. Der Eingang zu den Schutzhütten sollte schnell verschließbar und das Dach sollte zur besseren täglichen Tierbetreuung und Beobachtung aufklappbar sein.

Im Gehege sollte den Tieren wie bei der Käfighaltung (s.u.) das Trinkwasser in Flaschen oder über Nippeltränken angeboten werden, da Schalentränken auf dem Boden mit Kot und Futterresten verunreinigt werden und das Wasser dadurch schnell verdirbt. Der Futterautomat sollte so angebracht werden, dass er von außen befüllbar ist.

Durch die Ausscheidungen der Kaninchen kann der Boden mit Krankheitserregern verseucht werden. Um einem zu großen Krankheitsdruck vorzubeugen, bietet sich Rindenmulch als Einstreu an. Rindenmulch kann von Zeit zu Zeit aus dem Freigehege entfernt werden und nimmt im Gegensatz zum Stroh die Feuchtigkeit des Regens nicht so sehr auf.

Das Freigehege sollte mit einem Dach als Schutz vor Sonne und Regen versehen werden. Wird der Boden nicht mit Einstreu bedeckt, sollte er zumindest trocken und sandig sein. Ein lehmiger Boden ist ungünstig. Befinden sich Obstbäume im Freigehege, sollten die Stämme

Kaninchen sind gesellig: eine Chinchilla-Familie beim Ausflug.

Nachteile der Gehegehaltung	Vorteile der Gehegehaltung
Geschlechtsreife männliche Tiere sind untereinander sehr aggressiv, so dass es – nach Eintritt der Geschlechtsreife – zu Beißereien kommt.	Die Tiere können in ihrem natürlichen Verhalten beobachtet werden.
Weibliche geschlechtsreife Tiere graben oft Baue, so dass sie ins Freie gelangen können.	Die Bewegung an frischer Luft ist den Kaninchen außerordentlich förderlich.
Mit der Zeit reichert sich der Boden infolge der Ausscheidungen der Tiere mit Parasiten, vor allem Innenparasiten, an.	Die Tiere werden robuster und haben ein ausgeprägteres Immunsystem.
Das Einzeltier kann in der Gruppe schlechter in seiner individuellen Leistung beurteilt werden, was die Zucht von besonders guten Häsinnenstämmen erschwert.	Die Haltung in der Gruppe auf großem Raum ist besonders artgerecht.

mit einem Drahtgeflecht vor Verbiss geschützt werden.

Sowohl bei der Gehegehaltung im Freien als auch in überdachten Räumen kann der Infektionsgefahr durch den eigenen Kot dadurch vorgebeugt werden, dass ein Bodengitter konstruiert wird, das aus Holzlatten mit etwa 3 cm Breite und 1,2 bis 1,6 cm Spaltenbreite besteht. Dieses Holzgeflecht, das den gesamten Boden des Geheges bedeckt, wird auf Holzbalken etwa 10 cm über dem Boden befestigt. Die Holzbalken unterhalb des Bodengitters sollten an allen Seiten um 10 cm nach innen versetzt werden, so dass sich an den Rändern keine Kotecken bilden können. Der Abstand zwischen den Holzbalken sollte 15 cm nicht überschreiten, damit das Bodengitter stabil genug zum Betreten ist. Der Kot fällt dann durch die einzelnen Holzspalten und ist so für das Tier nicht erreichbar.

In regelmäßigen Abständen können die Tiere aus dem Gehege genommen, das Holzgeflecht entfernt und das Gehege gut gereinigt werden. Verwendet man kein Holzgeflecht, sondern z.B. Rindenmulch, muss man diesen von Zeit zu Zeit entfernen und die Bodenfläche z.B. mit Brandkalk desinfizieren. In den regenreicheren Monaten ist das häufiger erforderlich.

Die Gehegehaltung in einem geschlossenen Raum hat folgende Vorteile

- Die Tiere sind vor zu starker Sonneneinstrahlung und Witterungseinflüssen geschützt.
- Stroh kann als Einstreu verwendet werden. Durch regelmäßiges Entfernen wird der Krankheitsdruck auf das Tier gemindert.
- Die täglich anfallenden Arbeiten sind bequemer zu verrichten.

Trennung der Geschlechter

Prinzipiell sollten bei der Gruppenhaltung die Rammler von den geschlechtsreifen Weibchen getrennt gehalten werden. Die Rammler werden nur für 2 bis 3 aufeinander folgende Tage zu den Häsinnen gesetzt. Bleiben sie länger bei ihnen, können sie nach erfolgtem Deckakt und bei Trächtigkeit der Häsinnen von diesen abgewiesen werden, wodurch es zu Raufereien kommt. Außerdem kann der Rammler auch das Nest der Muttertiere zerstören und die Jungtiere im Gehege verteilen, die dadurch erfrieren können.

Die kurze Verweildauer der Rammler bei den Häsinnen gewährleistet auch, dass diese ihre Jungen etwa zur gleichen Zeit auf die Welt bringen, die dann – falls nötig – problemlos ausgetauscht werden können. Häufig kommt es allerdings vor, dass mehrere Muttertiere ein gemeinsames Nest anlegen. Dann können die Muttereigenschaften der einzelnen Tiere bezüglich Nestbauverhalten und Milchleistung nicht eindeutig festgestellt werden. Nicht zuletzt aus diesem Grund kann auch in Freigehegen die Einzelhaltung von Mutterhäsinnen nur empfohlen werden. Die Grundfläche für das Einzeltier sollte dann aber 3 m^2 nicht unterschreiten.

Versetzbare Gehege

Ideal kombinieren lassen sich Stall- und Auslaufhaltung durch ein versetzbares Gehege. In diesem können die Tiere während der Vegetationsperiode Grünflächen beweiden. Ein versetzbares Gehege lässt sich aus einem Latten- oder Metallrahmen herstellen.

→ Die Grundfläche sollte etwa 130 x 80 cm, die Höhe 80 cm betragen.
→ Der Rahmen wird mit einem engmaschigen Drahtgeflecht – z.B. Sechseckgeflecht mit 13 mm Maschenweite – bespannt.
→ Die Oberseite muss abnehmbar oder mit einer Klappe versehen sein.
→ Über einem Teil des Geheges wird ein leichtes Dach, etwa aus Kunststoff oder Holz, zum Schutz vor Sonne und Regen angebracht.

Eine zusammenklappbare Ausführung besteht aus einzelnen mit Draht bespannten Rahmen, die durch Haken miteinander verbunden werden. Falls das Gehege sehr leicht ist, sollte auch die Unterseite mit Drahtgeflecht bespannt werden. Andernfalls muss das Gehege unbedingt be-

Versetzbare Unterbringung für den Sommer. Der rechte Teil bietet Schutz vor Witterungseinflüssen.

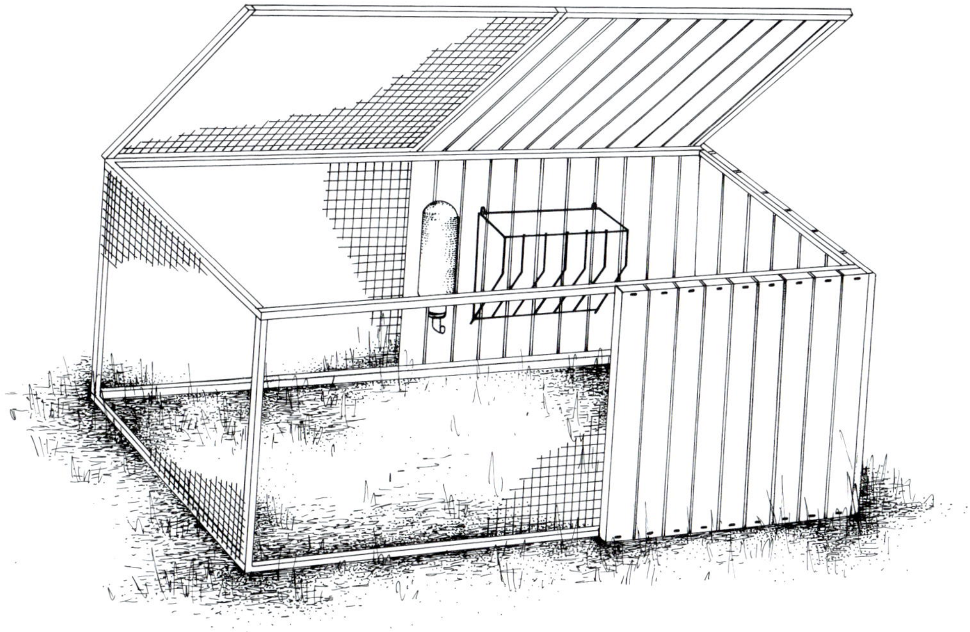

Versetzbares Zuhause mit separater Schutzhütte. Der Bereich mit Schutzhütte und Trinkwasser ist gegen Regen abgedeckt.

schwert werden, damit die Tiere es nicht nach oben drücken und ins Freie flüchten können. Ist der Boden mit Drahtgeflecht versehen, muss dieses unbedingt voll auf dem Boden aufliegen, damit die Tiere durch den Draht an den Läufen keine Druckstellen bekommen.

Bei der mobilen Gehegehaltung wird einerseits die Weide durch die Tiere gedüngt und andererseits das Krankheitsrisiko im Gegensatz zur stationären Gehegehaltung deutlich verringert, da die Tiere öfter versetzt werden.

Das Gehege ist in Abhängigkeit der Tierzahl täglich oder mehrmals täglich zu versetzen, so dass die Tiere immer eine frische Grasnarbe zum Abfressen vorfinden. Es muss nicht nur mit Tränkenflaschen, sondern auch mit Heuraufen versehen werden. Diese sollten sich unterhalb der Überdachung befinden, da sonst das angebotene Heu bei Regen nass wird. Zusätzlich sollte eine Käfigecke beiderseits etwa 40 cm breit mit vom Boden bis zum Dach durchgehenden Brettern von außen verkleidet werden, damit sich die Tiere bei Zugluft dorthin zurückziehen können.

Die Tiere lernen sehr schnell das Gras durch den Draht zu fressen. Als lebendige "Mähmaschine" halten Kaninchen so eine Wiese kurz. Das Gras sollte allerdings nicht zu hoch und noch nicht zu verholzt sein. Ideal ist frisches, junges Gras in Kombination mit Heu. Wichtig ist, dass weder das Gras noch z.B. die Obstbäume auf einer Streuobstwiese mit Pflanzenschutzmitteln behandelt wurden. Ist das Gras der Weide schon etwas älter, sollten auch kleinere Mengen energiereichen Futters zugefüttert werden.

Regen-, wind- und sonnengeschützter dreietagiger Außenstall mit Futter- und Vorratsraum.

Stallhaltung

Wählt man diese Form der Kaninchenhaltung, sollte der Stall möglichst zweckmäßig eingerichtet sein und muss gleichzeitig der Forderung des Tierschutzgesetzes nach einer artgerechten Haltung entsprechen. Ist eine Tierhaltung z.B. in reinen Wohngebieten nicht möglich, bleibt als Ausweg die Tierhaltung in Gemeinschaftsanlagen. Der örtliche Kaninchenzuchtverein berät Sie darüber gerne.

Wird eine Haltung im eigenen Garten oder im Schrebergarten angestrebt, sollte der Diebstahlsgefahr durch sichere Schlösser vorgebeugt werden. Der Käfig bzw. die Käfiganlage sollte sich in die Umgebung harmonisch einfügen und entweder gut zum Wohnhaus passen oder sich optisch in den Garten integrieren. Der Standort sollte so gewählt werden, dass schädliche Klimaeinflüsse von den Tieren ferngehalten werden. Eine Ausrichtung der Vorderseite nach Südost ist sehr günstig, weil dann die Rückseite der Käfige nach Westen, also zur Wetterseite, weist.

Bei Außenställen ist der Hauptnachteil, dass die Tiere auch bei Regen bzw. bei Eis und Schnee im Freien versorgt werden müssen. Die Zuchtleistung ist vermindert, da die Tiere bei abnehmender Tageslänge im Herbst nicht mehr so fruchtbar sind. Zudem gefriert das Saftfutter im Winter und die Tränken vereisen oft.

Außenställe an der Hausfront haben sich gut bewährt. Allerdings sollten hier Vorbaudächer und Schutzwände eingeplant werden, damit der Betreuer auch im Winter einigermaßen akzeptable Arbeitsverhältnisse vorfindet. Auch können Stallanlagen unter Obstbäumen angebracht werden, die im Sommer Schatten geben und nach dem Laubfall die Wintersonne durchlassen.

Stallklima

Kaninchen müssen unbedingt vor sengender Sommerhitze und grellem Licht geschützt werden. Wie zur Isolation im Winter kann dies durch das Anbringen von Sackleinen oder sonstigen Planen geschehen. Lässt man das sehr hohe Wärmebedürfnis von Jungkaninchen außer Acht, liegt die optimale Temperatur für Kaninchen zwischen 16 und 18 °C. Vor allem großen Rassen sollte man im Winter Einstreu anbieten. Bei Minusgraden haben die Tiere einen wesentlich höheren Energiebedarf und benötigen demzufolge mehr Futter.

Lang anhaltende hohe Temperaturen (über 35 °C) können bei gleichzeitig hoher Luftfeuchtigkeit die Körpertemperatur so ansteigen lassen, dass es zum Hitzetod der Tiere kommen kann. In der warmen Jahreszeit nehmen zudem die Kaninchen mehr Wasser auf, wodurch die Luftfeuchtigkeit in den Käfigen ansteigt. Gegen Ende der Trächtigkeit sind die Tiere durch zu hohe Temperaturen besonders gefährdet.

Niedrige Temperaturen und Frostgrade können in Einstreuhaltungen von den Kaninchen in der Regel problemlos gemeistert werden. Zudem kann man im Winter die Buchtenfronten mit durchsichtigem Plastikmaterial im unteren Bereich abdecken. Durch den oberen offenen Spalt muss aber die Feuchtigkeit gut abziehen können.

70 % Luftfeuchtigkeit sollten nicht überschritten werden. Damit die Luftfeuchtigkeit nicht zu hoch ansteigt, sollten der Harn gut aus den Käfigen abfließen und keine feuchten Stellen durch Wasservergeudung entstehen können. Harn lässt in Verbindung mit Kot außerdem das Schadgas Ammoniak entstehen, das besonders die Atemorgane des Kaninchens erheblich belastet. Vor allem bei hoher Besatzdichte ist daher die regelmäßige Beseitigung des Kotes und die Ableitung des Harns aus dem Stall wichtig. Schadgase dürfen beim Betreten einer Stallanlage nur sehr gering durch den Menschen wahrgenommen werden.

Um die Belastung mit Schadgasen beurteilen zu können, muss sich der Tierbetreuer auf Tierhöhe begeben, weil viele Schadgase schwerer sind als Luft und sich demzufolge meist in den bodennahen Schichten befinden. Hohe Ammoniak- und Schwefelwasserstoffgehalte nimmt der Tierbetreuer in der Regel durch die tränenden Augen wahr. Hierzu darf es aber keinesfalls kommen.

Stallgröße

Bevor man mit der Zucht beginnt, sollte man sich Gedanken über die Zahl der zu haltenden Zuchthäsinnen und deren Nachzucht machen. In der Praxis wird bei Einstieg in die Kaninchenhaltung oft der Fehler gemacht, dass man die Stallanlage zu klein plant und dass die Anzahl der Käfige der Vermehrungsfreudigkeit der Kaninchen nicht gerecht wird.

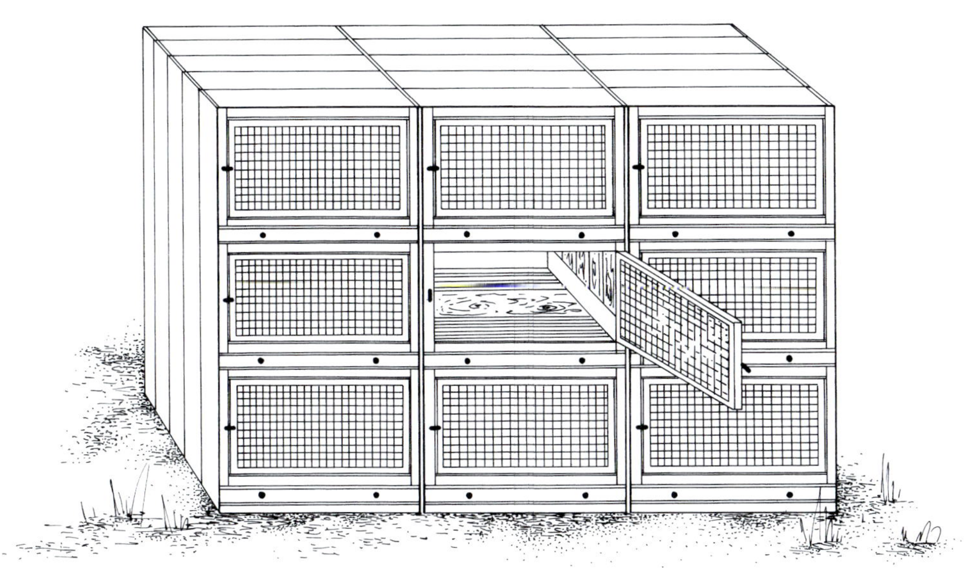

Erweiterbarer Stall mit modularem Aufbau. Die Buchten haben herausnehmbare Lattenböden und darunter befindliche Kotschubladen.

- Die gesamte Stallanlage sollte so geplant werden, dass jederzeit ein neuer Käfig angegliedert werden kann, ohne dass das Gesamtbild der Anlage beeinträchtigt wird.
- Die tägliche Routinearbeit muss zeit- und kräftesparend durchgeführt werden können. Hierzu ist vor allen Dingen wichtig, dass die Innenflächen des Käfigs glatt und ohne Fugen und Ritzen sind. Dadurch ist der Stall leicht zu reinigen und zu desinfizieren.
- Die Stallkäfiganlage kann aus mehreren Einzelbuchten bestehen, wobei meist Einzelbuchten über- oder nebeneinander gebaut werden. Der Einzelkäfig oder die Etagenkäfige werden in einer Höhe platziert, in der eine bequeme Betreuung ohne Bücken möglich ist.
- Die oberste Etage darf wiederum nicht zu hoch sein, weil sonst die Beobachtung der Tiere und die Routinearbeiten nur schwer durchzuführen sind.

Auf diesen zwei- oder dreietagigen Ställen ruht zumeist ein Pultdach, das aber nicht auf dem oberen Käfig aufliegen darf, da sich hier sonst im Sommer die warme Luft staut. Zudem sollte das Pultdach weit vorgezogen werden, um einschlagenden Regen, heiße Mittagshitze oder Schneefälle von den Tieren fernzuhalten. Außerdem können dann die täglichen Arbeiten im Trockenen durchgeführt werden.

Werden neben diesen Pultdächern noch Außenwände, Mistgänge und eine Abstellkammer errichtet, wird der Außenstall zum Innenstall in Leichtbauweise. Diese Innenställe in Leichtbauweise sind sehr leicht selbst und kostengünstig zu erstellen. Der Hauptvorteil ist die Witterungsunabhängigkeit, die nicht nur dem Züchter, sondern auch den Ka-

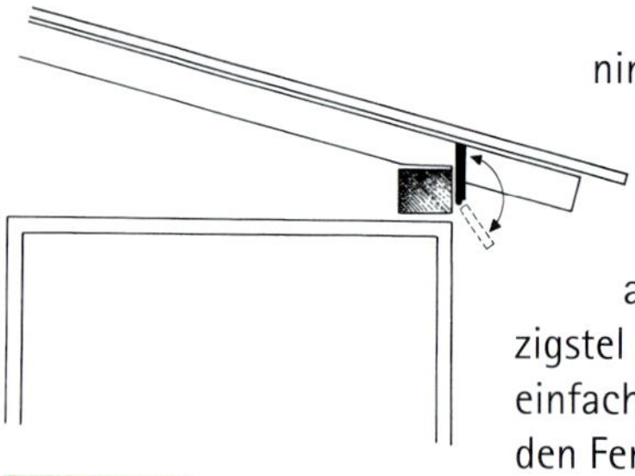

Pultdach mit Be- und Entlüftungsklappe.

Eine Scheune, eine unbenutzte Garage, ein Gartenhäuschen oder Ähnliches kann gut als Innenstall verwendet werden. Der Neubau von Massivställen bedarf nämlich oft einer Baugenehmigung und verursacht hohe Kosten.

ninchen zum Vorteil gereicht. Nachteile sind hier aber das zumeist fehlende Sonnenlicht und die Schwierigkeiten bei der Lüftung, um die Schadgase abzuleiten.

In Innenställen ist auf eine gute Be- und Entlüftung zu achten. Die Fensterfläche eines Innenstalls sollte etwa ein Zwanzigstel der Innenraumgrundfläche betragen. Über Kippfenster kann eine einfache Belüftung erfolgen. Um Fliegen fernzuhalten, bringt man vor den Fenstern Fliegengaze an. Als Beleuchtung haben sich Leuchtstoffröhren bewährt. Sie werden am besten mit einer Zeitschaltuhr versehen, um besonders im Herbst die Tageslichtlänge zu erhöhen.

Bei einer gleichbleibenden Tageslichtlänge von 12 bis 16 Stunden können die Würfe fast kontinuierlich über das Jahr verteilt werden. Das Licht sollte allerdings nicht zu grell sein, da Kaninchen die Dämmerung bevorzugen. Die Beleuchtung des Zugangs vom Haus zu den Stallungen ist zweckmäßigerweise vom Haus aus schaltbar. Besonders für ältere Tierbetreuer sollten die Wege vom Haus zum Stall rutschsicher sein.

Kombination von Außen- und Innenstall

Eine Kombination zwischen Außenstall und Innenstall ist der Sommer- bzw. Winterstall. Diese Kombination vereint die Vorzüge eines Innenstalls und eines Außenstalls. In der Regel sieht er aus wie ein Schreberhäuschen und besteht im Innern aus zwei Buchtenreihen, die durch einen breiten Gang getrennt sind. Über diesen wird eine Art Dachreiter aus leichten Materialien wie z.B. Glas oder Plastik angebracht, bei dem man die beiden Dachhälften wie bei einem Frühbeet im Garten aufklappen kann. Bei schönem Wetter können die Flügel hochgeschwenkt und von außen mit einem Stab befestigt werden. Türe und Wände müssen dann natürlich stabil gebaut sein.

Nicht vergessen werden dürfen Fenster zur besseren Be- und Entlüftung. Um die Breite des Innengangs besser ausnützen zu können, sollten die Türen nach außen zu öffnen sein. Die Fundamente sollten mindestens 80 cm in den Boden eingelassen werden, damit sie vor Frost geschützt sind.

Baumaterial

Als Material für den Bau von Ställen eignet sich Holz (z.B. Nut- und Federbretter) oder kunstharzverleimtes Sperrholz. Holz isoliert gut, lässt sich einfach bearbeiten und hat ein relativ geringes Gewicht. Allerdings ist Holz schwer zu desinfizieren. Dies gilt sowohl für flüssige Desinfektionsmittel als auch für ein Ausflammen der Käfige, da Holz sehr schlecht wärmeleitend ist. Bei Verwendung von Holzböden sollte der Urin der Tiere möglichst schnell abgeleitet werden. Am besten verwen-

Verschiedene Anordnungsmöglichkeiten einer Stallanlage im Außenbereich.

det man gehobelte Bretter mit einer Stärke von etwa 20 mm. Nut- und Federbretter haben sich als Seitenbegrenzung bewährt, weil sich hier keine Spalten auftun können, durch die Zugluft entstehen kann. Ansonsten kann man von außen Dachpappe anbringen, die mit Bitumen versehen ist. Da Holz Wärme im Winter schlecht hält und sich andererseits im Sommer schnell aufheizt, sollten die Seiten- und Rückwände isoliert werden.

Eine Alternative sind Press-Spanplatten, die alle Vorteile in sich vereinen. Sie sind glatt, leicht zu reinigen und dadurch recht haltbar. Auch ist ihre Wärmeisolierung sehr gut.

Zur Imprägnierung von Holz gegen Fäulnis hat sich Karbolineum bewährt. Allerdings sollten zwischen dem Anstrich und dem Hineinsetzen der Tiere mehrere Tage vergehen, damit der Geruch die Tiere nicht belästigt. Die Innenflächen dürfen nicht mit Karbolineum behandelt werden, da bei einem Benagen durch die Tiere Gesundheitsgefahren nicht auszuschließen sind. Ungefährlicher sind Silolacke und Betonfarben. Besonders das Bodenbrett bzw. das Bodengitter und die darunter liegende Kotwanne sollten mit Silolack behandelt werden.

Einzelbucht oder Mehrbuchtenstall

Rechte Seite: Dieses Neuseeländerkaninchen hat eine Bucht mit Einstreu.

Man unterscheidet zwischen Einzelbucht und Mehrbuchtenstall. Einzelbuchten können auch in Etagen oder versetzt in Reihe angeordnet werden. Plant man nur den Bau einer einzelnen Bucht, sollte sie so groß sein, dass man sie mit einer Trennwand unterteilen kann. Der Boden dieser Einzelbucht sollte mindestens 50 cm Abstand vom Erdboden haben, damit sich darunter kein Ungeziefer einnisten kann und auch die Tierbetreuung erleichtert wird.

Wird ein geschlossener Käfigboden mit Einstreu wie z.B. Stroh versehen, sollte er wasserundurchlässig sein und auch ein leichtes Gefälle von etwa 2 % nach hinten haben, damit der Urin gut abfließen kann. Hierzu ist wiederum ein kleiner Schlitz von etwa 1 cm Breite in der Rückwand erforderlich. Der Boden der Bucht sollte etwa 15 cm über die Rückfront hinausragen und mit einer Auffangrinne versehen werden. Hierdurch kann der Urin bzw. das anfallende Schmutzwasser bei der Reinigung leicht in einem Eimer aufgefangen werden. Oft wird in der Rückwand auch eine Klappe zur besseren Entmistung installiert.

Plant man dagegen eine Bucht mit Teilspalten- bzw. Vollspaltenboden, benötigt man unter dem Käfigboden Kotschubladen, die den herunterfallenden Kot und Urin auffangen. Diese Kotschubladen bestehen aus nichtrostendem Blech oder Plastik. Auch Kunststoffwannen bzw. mit Silofarbe bestrichene Holzwannen können eingesetzt werden. Werden Kotwannen gekauft, dann sollten diese nach unten hin konisch zulaufen. Haben die Wannen eine ausreichende Höhe, kann man in diesen Wan-

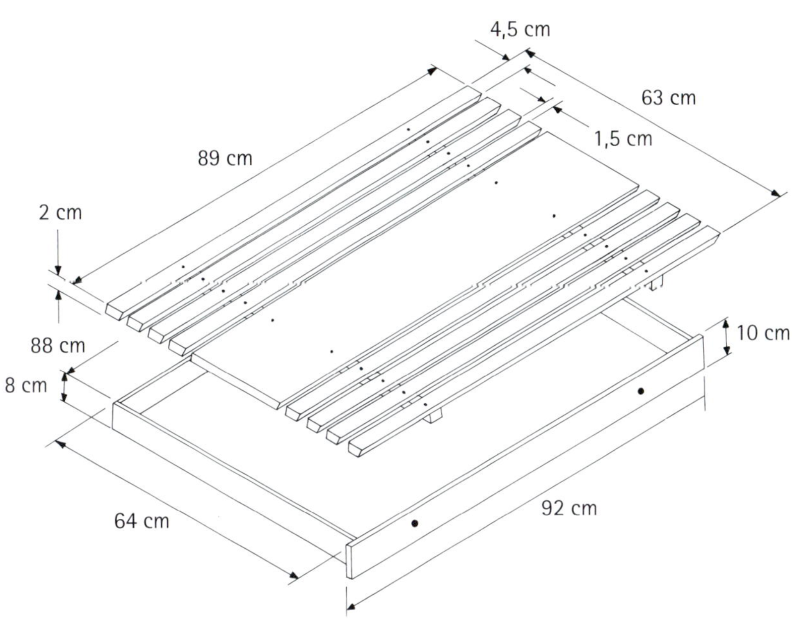

Ideales Bodenbrett mit Ruhebereich und Lattenanordnung im hinteren und vorderen Teil mit darunter liegender Kotschublade.

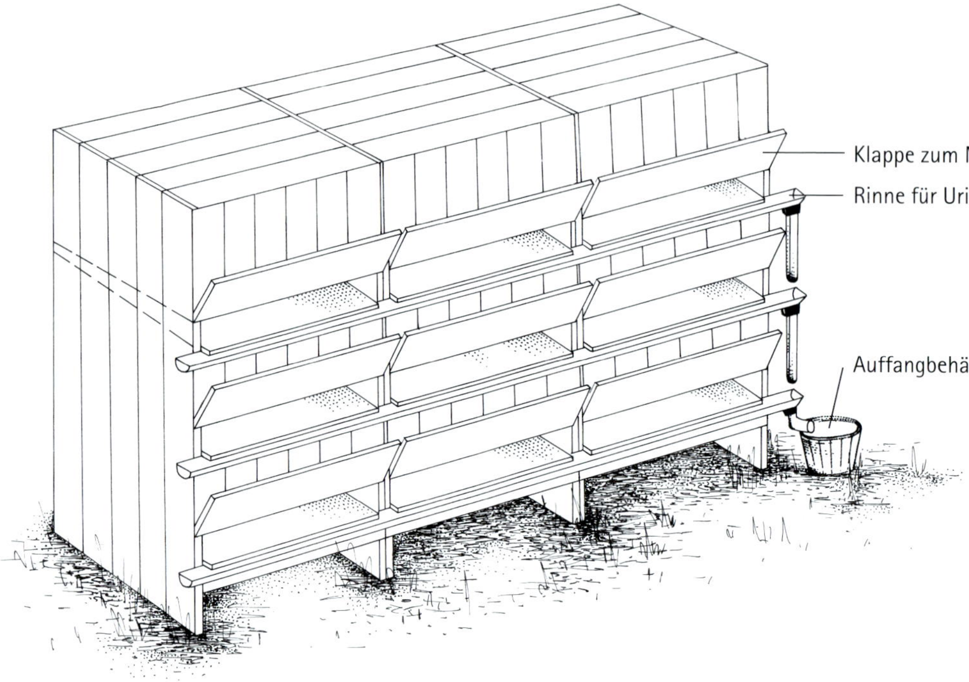

Rückansicht einer Stallanlage. Der Urin wird über Rinnen in einen Auffangbehälter geleitet.

nen eine zweite kleinere Wanne umgedreht hineinstellen, so dass Kot und Urin getrennt anfallen. Den Urin kann man dann mittels Torfmull binden, damit die Entstehung von Ammoniak und Schwefelwasserstoff weitgehend unterbleibt.

Die Haltung von Kaninchen auf Teilrosten hat sich bewährt, da der Arbeitsaufwand dadurch um einiges verringert wird. Der Käfigboden wird neben dem Rost mit einem breiteren Brett versehen, auf dem die Tiere bequem ruhen können. Allerdings sollte der Lattenrostteil des Käfigbodens aus Hartholz bestehen. Ein trapezförmiger Querschnitt der Roste gewährleistet, dass Kot und Haare nicht am unteren Teil der Spalten hängen bleiben. Die Lattenbreite sollte mindestens 3 cm betragen, damit die Tiere noch einen guten Tritt haben. In Abhängigkeit der Tiergröße sollte der Lattenabstand keinesfalls größer als 12 bis 16 mm gewählt werden. Sowohl das Ruhebrett als auch die Latten sollten an der Vorder- und Rückseite wie auch an der seitlichen Begrenzung ein wenig abstehen, damit der Kot an diesen Stellen von den Tieren selbst durchgetreten wird und hier keine Kotecken entstehen.

Die günstigste Lösung bei der Bodengestaltung dürfte für den Selbstversorger eine Kombination aus Ruhebrett und Spaltenboden sein. Hierbei wird im vorderen Teil ein Spaltenbereich, in der Mitte das eigentliche

Ruhebrett und nach hinten wieder ein Spaltenteil eingeplant. Der meiste Kot fällt bei der Nahrungsaufnahme an. Werden Heuraufe und Futterbehälter von außen an der Buchtentür angebracht, fällt dieser Kot gleich durch die vorne angebrachten Spalten nach unten in die Kotwanne.

Denkbar ist aber auch, dass man lediglich den hinteren Teil des Käfigs mit Spalten versieht. Der Käfigboden würde dann zu etwa 2/3 aus dem Ruhebrett und zu 1/3 aus Spalten bestehen.

Damit die Tiere dann auch wirklich den hinteren Teil für den Kot- und Urinabsatz benutzen, bedient man sich eines kleinen Tricks. Bei Eingewöhnung in den Käfig erhalten die Kaninchen zuerst eine größere Spaltenfläche im hinteren Teil der Bucht. Der vordere Teil des Käfigbodens wird nur mit einem schmalen Brett und nicht mit dem eigentlich größeren Ruhebrett in Buchtenbreite ausgelegt, wodurch die Tiere zuerst nur relativ wenig durchgehenden Boden erhalten. Die Kaninchen werden dann dafür sorgen, dass dieses relativ kleine Ruhebrett nicht noch zusätzlich mit Kot und Harn verschmutzt wird. Nach wenigen Tagen werden die Tiere dieses Ruhebrett sauber halten. Dann kann man ein weiteres Brett im Anschluss an das Ruhebrett nach hinten auf den Spaltenboden legen. Das Kaninchen erhält dadurch ein größeres Ruhebrett. Zum Schluss wird das Kaninchen eine der hinteren Ecken für die Kot- und Harnausscheidung benutzen. Wird allerdings die Heuraufe so angebracht, dass sie von außen gefüllt werden kann, sollte auf den vorderen Teil des Spaltenbodens nicht verzichtet werden.

Das Ruhebrett braucht im Sommer nicht eingestreut zu werden. Im Winter sollte allerdings auch hier Gersten-, Weizen- oder Roggenstroh eingestreut werden. Haferstroh verfärbt die Unterseite der Läufe gelblich. Heu eignet sich nicht, weil es leicht schimmelt.

Ein Boden aus Drahtgitter ist aus Tierschutzgründen abzulehnen und in Deutschland verboten.

Buchtengröße

Auch den einzelnen Käfig sollte man nicht zu klein planen, damit man bei einer Umstellung auf eine größere Rasse auch diese in den Käfigen halten kann. Bei ausreichender Breite des Käfigs kann dieser mittels einer Trennwand unterteilt werden. Die Tiefe der Bucht sollte 70 cm nicht überschreiten, da sie sonst nur noch schwer auszumisten ist und die Tiere sich beim Herausnehmen in den hintersten Teil der Bucht zurückziehen. Zudem fällt die Beobachtung der Tiere bei einer geringeren Buchtentiefe wesentlich leichter.

Richtwerte für die Buchtengröße

Rassengröße	Breite	Tiefe	Höhe
groß (größer als 5 kg)	110 cm	70 cm	60 cm
mittelgroß (3,5-5 kg)	90 cm	70 cm	55 cm
klein (1,8-3,5 kg)	70 cm	60 cm	50 cm
Zwergrasse (bis 1,7 kg)	60 cm	50 cm	40 cm

Das Schutzbrett an der Buchtenkante wird gern benagt.

Innenausstattung der Buchten

Vor der Buchtentür sollte innen ein 10 cm hohes Schutzbrett angebracht werden. Dieses Schutzbrett kann gleichzeitig als Nagebrett dienen und somit aus Weichholz bestehen. Durch das Schutzbrett wird nicht nur das Herausfallen der Jungtiere und der Futtertröge verhindert, sondern auch die Einstreu zurückgehalten. In größeren Buchten wird häufig auch ein Zwischenbrett längs durch den Käfig gezogen. Je nach Höhe dieses Brettes kann man so Jungtiere und Althäsin trennen. Während die Althäsin die variierbare Hürdenhöhe problemlos überspringen kann, sind die Jungtiere hierzu noch nicht fähig.

Auch für den Tierbetreuer wird die Nestkontrolle vereinfacht. Diese Hürden haben in der Hobbyhaltung besonders bei den schlanken und sprunggewaltigen Hasenkaninchen Verwendung gefunden. Man kann auch in 30 bis 40 cm Abstand zum Buchtenboden ein Ruhebrett für die Häsin anbringen, das von ihr aufgesucht wird, um den Belästigungen durch die Jungtiere zu entgehen.

Wurfkästen

Wurf- oder Nistkästen können entweder in den Käfig gestellt oder von außen angebracht werden. Wird der Wurfkasten in die Bucht gestellt, sollte sich die Öffnung in einer Höhe von etwa 10 cm befinden, damit die nackten und blinden Jungtiere noch nicht herauskrabbeln können. Der Wurfkasten hat den Vorteil, dass er zur leichteren Wurfkontrolle aus dem Käfig herausgenommen werden kann. Außerdem kann dann das Nest einfacher sauber gehalten werden. Zudem bleiben in einem Wurfkasten die Jungtiere nahe beieinander liegen und können sich so gegenseitig wärmen. Der Wurfkasten im Käfig hat jedoch den Nachteil, dass Jungtiere, die beim Säugen noch an der Zitze hängen bleiben und dadurch mit der Althäsin aus dem Wurfkasten gelangen, nicht mehr in diesen zurückkrabbeln können und besonders in der kälteren Jahreszeit an Unterkühlung verenden. Ein Vorteil des Wurfkastens im Käfig ist dagegen, dass der Deckel gleichzeitig als Ruhebrett für die Häsin dient.

In der Regel sucht die Häsin den Wurfkasten nur einmal am Tag zum Säugen auf. Ist die Häsin jedoch unruhig, was sich durch ständiges Hineinspringen in den Wurfkasten äußert, so kann dieser auch herausgenommen und nur einmal am Tag zum Säugen in den Käfig gestellt werden.

Oftmals stellt man aber auch den Wurfkasten zwischen zwei Abteile, wobei die größere Öffnung zum Häsinnenabteil zeigt und die kleinere zum Jungtierabteil. Dadurch ist es der Mutterhäsin nicht möglich zu den Jungtieren zu gelangen, während diese ungehindert beide Abteile betreten können. Nach dem Absetzen können die Jungtiere zur Mast in ihrem Abteil verbleiben, während die Althäsin im gereinigten und desinfizierten Wurfkasten erneut wirft. Hierzu muss selbstverständlich zum Jungtierabteil hin ein Schieber angebracht werden. Das Schlupfloch zum Häsinnenabteil sollte etwa 15 cm Durchmesser haben, das zum Jungtierabteil etwa 7 cm.

Der Wurfkasten sollte etwa eine Grundfläche von 30 x 35 cm und eine Höhe von 30 cm aufweisen. Absolut empfehlenswert ist ein Deckel, der den Wurfkasten abdunkelt. Dies verstärkt bei der Häsin den Anreiz diesen Wurfkasten zum Werfen ihrer Jungen aufzusuchen, da Kaninchen auch in freier Wildbahn ihre Jungen in einer dunklen Erdhöhle auf die Welt bringen. Außerdem bleibt in der kälteren Jahreszeit die Wärme im Wurfkasten und entweicht nicht nach oben.

Im Wurfkasten liegen die Jungtiere geschützt und dicht beieinander.

Da auf eine gute Isolierung des Wurfkastens geachtet werden muss, sollten die verwendeten Materialien wie z.B. Spanplatten nicht zu dünn sein. Im Handel gibt es Wurfkästen aus Hartschaumstoff, die leicht zu reinigen und zu desinfizieren sind und zudem ein sehr geringes Gewicht aufweisen. Bei Holznistkästen sollten die Schlupflöcher mit einem dünnen Blech ummantelt werden, damit die Tiere das Holz nicht annagen.

Wurfkästen können auch vor die Buchtenfront gehängt werden. Dadurch ist eine Jungtierbetreuung von außen möglich. Der Übergang von der Bucht zur Wurfkastenöffnung muss dann aber für Jungtiere ohne Probleme überwunden werden können. Das Schutzbrett sollte deshalb am Eingang zur Wurfkastenöffnung eine Vertiefung aufweisen. Ein von außen angebrachter Wurfkasten verdunkelt allerdings den Käfig erheblich und erschwert auch die Tierbeobachtung im Käfig selbst.

Futtergefäße

Für rieselfähige Futtermittel wie Getreide oder pelletiertes Fertigfutter gibt es Futterautomaten. Sie sollten im Boden kleine Löcher besitzen, damit das Futter auch von unten gut belüftet wird und nicht schimmelt. Zudem fällt durch diese kleine Bodenöffnungen der sehr feine Futterabrieb, der sonst die Atemwege der Kaninchen sehr strapazieren würde. Die Futterautomaten sollten einen nach innen gebogenen Rand haben und die Fressöffnung sollte so konstruiert sein, dass sich Jungtiere nicht hineinlegen können. Sonst besteht die Gefahr, dass das Futter verklumpt und die Tiere nichts mehr fressen können. Beim Anbringen der Futterautomaten ist darauf zu achten, dass die Kaninchen nicht mit ihren Vorderläufen hineingreifen können, weil sonst die Futterverluste enorm ansteigen. Kleinere Jungtiere sollten aber in gestreckter Haltung noch gut fressen können.

Steingutträge können als Futtertröge und als Tränken dienen. Sie sollten einen nach innen gezogenen Rand haben, damit die Kaninchen nicht so viel Futter verstreuen. Hygienischer und daher empfehlenswerter sind aber von außen anbringbare Futtertröge und Tränkeflaschen.

Kunststoffautomaten haben den Vorteil, dass sie nicht rosten und auch leichter zu reinigen sind. Der Hobbyhalter sollte in den Futterautomat nur so viel Futter einfüllen, wie bei einer einzelnen Mahlzeit benötigt wird.

Für langfaseriges Futter wie Heu oder Grünfutter benötigt man Futterraufen. Dabei sollte auf folgende Punkte geachtet werden:

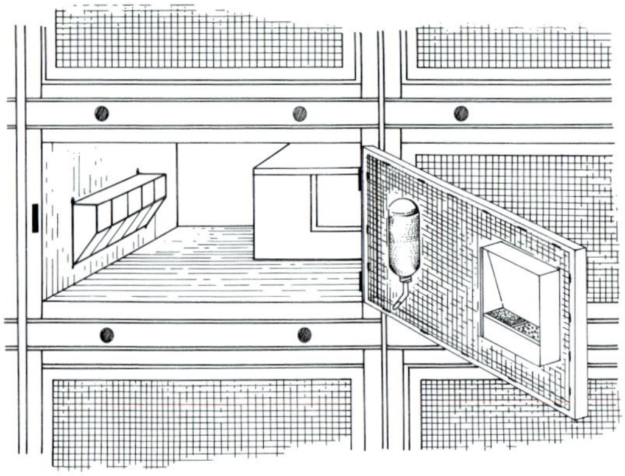

Richtige Anordnung von Futterautomat, Tränkeflasche, Heuraufe und bereitgestelltem Wurfkasten.

> Alle Futtergefäße müssen täglich kontrolliert, ggf. gründlich gereinigt und mit frischem Futter – je nach Bedarf der Tiere und jahreszeitlichem Angebot – aufgefüllt werden.

- ➔ Außenraufen, die vor die Käfigtür gehängt werden, sind zwar leicht zu befüllen, verdunkeln aber den Käfig.
- ➔ Innenraufen werden häufiger verwendet, benötigen jedoch einiges an Käfigplatz.
- ➔ Die Raufen sollten mit schrägen Deckeln abgedeckt werden, damit Jungtiere sich nicht hineinlegen können. Auch Verletzungen werden dadurch vermieden.

Weiterhin kann man halbrunde und abklappbare Raufen verwenden. Diese werden heruntergeklappt, befüllt und wieder hochgeklappt.

Prinzipiell gilt, dass zu kleine Raufen die Erhitzungsgefahr von Grünfutter erhöhen, da dieses dann in größeren Mengen in die Raufe gedrückt werden muss und somit zu schwitzen beginnt.

Außenraufen müssen gegen Regen, Sonne und Schnee geschützt werden. Sie haben aber den sehr großen Vorteil, dass die leicht krümeligen Blätter des Heus nach außen fallen und nicht nach innen auf den Käfigboden. Da diese besonders gern gefressen werden, besteht bei Innenraufen nämlich die Gefahr, dass in die Einstreu gefallene Blätter von den Kaninchen aufgenommen werden. Sie sind jedoch oft mit Stallschmutz und krankmachenden Keimen versehen. Es ist deshalb ratsam die Heuraufe im hinteren Teil, wenn möglich über den Spalten, anzubringen. Sinnvollerweise werden Raufen an einer der beiden Seitenbegrenzungen untergebracht. Aus der Raufe herausrieselnde Kleinteile fallen dann direkt in die Kotauffangwanne.

Tränken

> Besonders im Sommer kann es sinnvoll sein Tieren mit großem Wasserbedarf, wie säugende Häsinnen mit ihren Jungen, zwei Trinkflaschen bereitzustellen.

Eine sehr gute und billige Möglichkeit für Tränken sind Nippelflaschen mit doppeltem Kugelventil. Diese können sowohl bei Außen- als auch bei Innenställen eingesetzt werden. Bei der Verwendung von Nippelflaschen ist darauf zu achten, dass das Metallröhrchen nicht abgeknickt in den Käfig hineinreicht, da sonst kein Wasser aus der Flasche herausgesogen werden kann. Zudem muss zu Beginn ganz genau beobachtet werden, ob die Tiere diese Tränke auch finden. Hierzu markiert man mit einem Filzstift den Wasserstand in der Flasche und kann so ablesen, ob der Wasserstand nach einem Tag deutlich abgesunken ist.

Im Handel findet man noch häufig Flaschen mit einer Plastikaufhängevorrichtung. Diese Aufhängevorrichtung sollte durch Draht oder Metall ersetzt werden, da die Tiere sonst das Plastik durchbeißen und die Flasche herunterfällt. Bei Nippelflaschen muss man im Winter darauf achten, dass sie niemals vollständig gefüllt werden, da bei Frost das darin befindliche Wasser gefriert und die Flasche platzt. Die Metallröhr-

Anordnung einer zentral versorgten Selbsttränke.

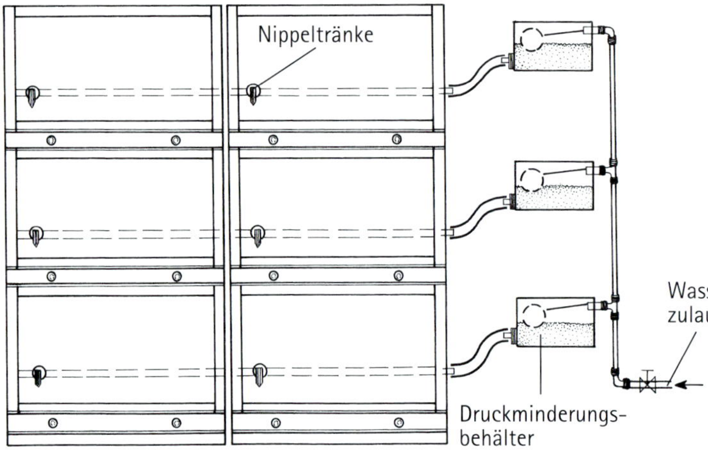

chen sollten in einer Höhe von etwa 15 cm in den Käfig hereinreichen, damit sie auch für Jungtiere leicht erreichbar sind.

Generell gilt für alle Tränkesysteme, dass diese möglichst in einer Ecke des Käfigs installiert werden, damit, falls sie einmal tropfen sollten, nicht der ganze Käfig nass wird.

Eine weitere brauchbare Alternative zu den Nippelflaschen mit doppeltem Kugelventil ist die Verwendung von Nippeltränken. Diese Nippel können in einen Plastikbehälter eingeschraubt werden und sind dadurch sehr einfach und billig herzustellen. Bei Verwendung eines durchsichtigen Plastikbehälters lässt sich der Wasserstand leicht kontrollieren. Größere Wassermengen können auf diese einfache Art für größere Gruppen wie in der Bodenhaltung bereitgestellt werden.

Die Flaschen müssen morgens und abends kontrolliert und mit frischem Wasser – im Winter mit warmem Wasser – gefüllt werden. Einmal täglich sollten sie mit einer Flaschenbürste gründlich gereinigt werden.

Wenn man in der Nähe der Stallungen über eine zentrale Wasserversorgung verfügt, können auch zentral versorgte Selbsttränken installiert werden. Den Tieren steht dann ebenfalls eine Nippeltränke zur Verfügung, die aber im Unterschied zum Plastikbehältnis über eine zentrale Wasserversorgung verfügt, bei der das Wasser ständig von selbst nachläuft. Allerdings sind hier Druckminderungsbehälter vonnöten, die gleichzeitig den Wasservorrat speichern und dafür sorgen, dass auf dem einzelnen Nippel kein zu hoher Wasserdruck lastet. Der Druck ist so einzustellen, dass der Nippel nur tropft und keinesfalls spritzt. Deshalb darf der Druckminderungsbehälter auch nicht zu nah über der Käfigreihe angebracht werden. Bei 2- oder 3-Etagen-Käfigen ist deshalb für jede Reihe ein Druckminderungsbehälter erforderlich. Der Höhenunterschied zwischen Druckminderungsbehälter und dem Nippel sollte höchstens 10 cm betragen. Bei dieser Art der Tiertränke beschränkt sich der tägliche Arbeitsauf-

Freudensprünge!

wand auf die Kontrolle des Wasserzulaufes und der Nippel. Tägliche Routinearbeiten wie z.B. Nachfüllen des Wassers entfallen. Speziell bei Innenställen sollte man deshalb diese Art der Tränke von vornherein favorisieren. Die Rohrleitungen müssen an die Rückseite der Käfige von außen so angebracht werden, dass nur noch der Nippel in den Käfig hineinreicht. Auch hier sollte möglichst eine der beiden hinteren Ecken gewählt werden, damit tropfendes Wasser direkt durch die Spalten in die Kotauffangwanne gelangt.

Anordnung der Einrichtungsgegenstände

Die erforderlichen Einrichtungsgegenstände sollten sinnvoll im Käfig angeordnet werden. Denkbar ist folgende Anordnung: Der Wurfkasten mit Deckel wird in die rechte hintere Ecke des Käfigs gestellt. Die Einsprungöffnung für die Häsin bzw. die Aussprungöffnung für die Jungtiere sollte von hinten gesehen mit Beginn des Ruhebrettes abschließen.

Der Futterautomat wird von außen an die Käfigtür so weit rechts angebracht, dass die Tür noch gut zu öffnen ist. Wird mit einer Nippeltränke über einen zentralversorgten Wasservorratsbehälter gearbeitet, wird der Nippel links hinten im Eck von außen an der Rückseite angebracht. Die Heuraufe befindet sich unmittelbar davor, aber noch oberhalb der Spalten. Wenn mit Wasserflaschen gearbeitet werden soll, sollte der Futterautomat etwas mehr nach links gerückt und die Wasserflasche rechts neben den Futterautomaten installiert werden. Die Heuraufe sollte nicht direkt im hinteren Eck angebracht werden, da hier sonst eine "tote" Ecke entsteht, wo die Tiere nicht mehr hingelangen und auch ihren Kot nicht durch die Spalten hinuntertreten können.

Zur leichten Reinigung ist es ratsam die Innenseiten des Käfigs ausgehend vom Bodenbrett bis in Höhe von etwa 10 cm mit Plastik oder Aluminium zu ummanteln. Auch Teerfarbe kann hierzu verwendet werden.

Englische Schecken

Diese kleinen, leicht gestreckten Kaninchen heben sich von den übrigen Rassen durch die typische Zeichnung und die elegante Form deutlich ab. Neben dem Holländer-Kaninchen sind die Englischen Schecken die ältesten Scheckenrassen. Liebhaber dieser Rasse sprechen besonders die schöne Form und die Zeichnung der Felle an. Charakteristisch sind die dunklen Abzeichen, die sich von der weißen Grundfarbe abheben und nach im Standard festgelegter Form ausgebildet sein müssen. Sie umfassen den "Schmetterling", die dunkle Zeichnung um die Schnauzengegend, die Augenringe, die Backenpunkte, die Ohrenzeichnung, den Aalstrich, die aus feinen Punkten bestehende "Kettenzeichnung" und die Seitenflecken. Englische Schecken treten in den Farben Schwarz-Weiß, Blau-Weiß, Thüringerfarbig-Weiß sowie dreifarbig auf.

	Gewicht	maximal
Englische Schecken	2,5 kg	3,25 kg

Großsilber

Man unterscheidet die Deutschen Großsilber von den Hellen Großsilber. Sie zählen beide zu den mittelgroßen, recht gedrungenen Rassen und sind sehr frohwüchsig. Großsilber-Kaninchen haben ein sehr kompaktes und gut bemuskeltes Becken, was sie zu einer sehr wichtigen Nutzrasse gemacht hat. Der gedrungene Körper ist insgesamt äußerst muskulös. Die Rassen eignen sich hervorragend zur Eigenversorgung mit Kaninchenfleisch. Der Silberungseffekt wird durch Grannenhaare mit weißen Spitzen hervorgerufen. Die Silberung beim Hellen Großsilber verteilt sich gleichmäßig über den ganzen Körper. Die Jungtiere kommen dunkel auf die Welt. Erst ab der 6. bis 7. Lebenswoche werden die Tiere vom Kopf her heller. Im Gegensatz zum Hellen Großsilber haben Deutsche Großsilber ein dunkles Fell. Es gibt Helle Großsilber in der Farbe Silber (Foto) sowie Deutsche Großsilber in Schwarz, Blau, Gelb, Braun und Havanna.

	Gewicht	maximal
Helle Großsilber	über 4,5 kg	5,5 kg
Deutsche Großsilber	über 4,25 kg	5,25 kg

Hermelin

Das Hermelin-Kaninchen ist eine echte Zwergrasse, was sich nicht nur in dem geringen Körpergewicht äußert, sondern auch an dem veränderten Verhältnis von Körper, Kopf und Ohren zu erkennen ist. Bei diesen gedrungenen Tieren mit dem walzenförmigen Körper unterscheidet man Rotaugen- von Blauaugen-Hermelinen. Das Fell ist kurz, dicht und weich. Diese Zwergrasse benötigt nur kleine Ställe und sehr wenig Futter. Daher ist die Haltung und Zucht auch unter bescheidenen Platzverhältnissen möglich. Eine Begleiterscheinung der Verzwergung ist die verringerte Fruchtbarkeit. Er werden durchschnittlich nur drei bis vier Junge pro Wurf geboren. Hermelin-Kaninchen sind generell weiß.

	Gewicht	maximal
Hermelin	1,1 – 1,35 kg	1,5 kg

▲

Hasen-Kaninchen

Diese Kaninchenrasse ist wegen ihres typischen Erscheinungsbildes leicht von allen anderen Rassen zu unterscheiden. Die mittelgroßen Tiere wirken extrem schlank, zeigen beim Sitzen eine hohe, feldhasenähnliche Stellung, haben sehr lange Ohren und ein sehr kurzes Fell. Hasen-Kaninchen sind äußerst lebhaft und benötigen daher auch entsprechend große Buchten. Diese vitalen Tiere sind frohwüchsig, sehr fruchtbar und mütterlich. Sie besitzen ein sehr feinfaseriges, fettarmes Fleisch und haben ein günstiges Ausschlachtungsverhältnis, so dass sie trotz ihrer schlanken Form zu den besten Wirtschaftsrassen zählen. Als Idealfarbe der Hasen-Kaninchen wird die typische rotbraune "Hasenfarbe" angesehen, es gibt aber auch noch weiße Tiere.

	Gewicht	maximal
Hasen-Kaninchen, rotbr.	3,5 kg	4,25 kg
Hasen-Kaninchen, weiß	3,5 kg	4,25 kg

▼

Fütterung

Das Kaninchen lebt, wie jedes andere Lebewesen, nicht von dem was es frisst, sondern von dem, was es verdaut. Eine richtige Fütterung speziell auf die Bedürfnisse und anatomischen Besonderheiten des Kaninchens zugeschnitten ist Voraussetzung für vitale, kräftige Tiere und einen gesunden Nachwuchs.

Hobbyhalter können unterschiedliche Möglichkeiten für die gute Ernährung ihrer Kaninchen wählen. Für Gartenbesitzer bietet sich eine teilweise Selbstversorgung an. Ebenso gibt es praktische Fertigfuttermittel zu kaufen. Auch Kaninchen freuen sich über Abwechslung!

Wie frisst und verdaut das Kaninchen?

Rechte Seite: Mit frischem Grün und bestem Heu lässt es sich gut mümmeln.

Das Kaninchen gehört zu den Tieren mit einhöhligem Magen. Durch das große Volumen des Magen-Darm-Kanals kann es große Futtermengen aufnehmen. Insbesondere der Blinddarm ist sehr stark ausgebildet. Auf ihn entfallen etwa 40 % des gesamten Fassungsvermögens der Verdauungsorgane.

Ähnlich den Wiederkäuern benötigt das Kaninchen für eine geregelte Verdauung einen gewissen Anteil an Struktur (Rohfaser) in der Nahrung. Zum Aufschluss der Rohfaser bedient sich das Kaninchen der Bakterien des Blinddarms. Diese haben eine ähnliche Funktion wie die Pansenbakterien beim Wiederkäuer. Der Blinddarm dient dem Kaninchen als Gärkammer.

Schematische Darstellung des Verdauungskanals.

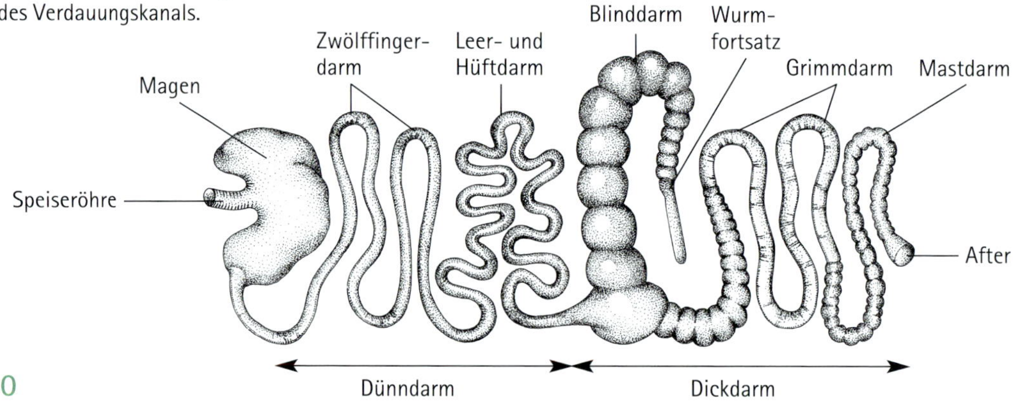

Eine Besonderheit im Futteraufnahmeverhalten ist die Angewohnheit des Kaninchens einen Teil seines eigenen Kotes wieder zu verzehren. Der aufgenommene Kot unterscheidet sich vom normalen Kot durch seine weichere Konsistenz. Als ein Grund für die Wiederaufnahme des Weichkotes kann dessen Anreicherung mit B-Vitaminen angesehen werden. Ein weiterer Grund für die Blinddarmkotaufnahme ist das weitgehende Fehlen von Muskulatur im Kaninchenmagen: Der Weitertransport der Nahrung kann nur durch neu aufgenommene Futterstoffe erfolgen. Daher nimmt das Kaninchen seine tägliche Futtermenge in 70 bis 80 Einzelportionen auf. In Zeiten ohne Nahrungsanfall hat der Blinddarmkot für den Weitertransport des Futters zu sorgen. Der Weichkot wird direkt vom After aufgenommen, so dass auch die Haltung auf Rosten die Koprophagie oder Coecotrophie (= Wiederaufnahme des Blinddarmkotes) nicht behindert. Ein weiterer Vorteil der Koprophagie ist in der doppelten Darmpassage zu sehen, die einen besseren Aufschluss der Nährstoffe und damit eine günstigere Ausnutzung ermöglicht. Außerdem kann das im Weichkot enthaltene hochwertige Bakterienprotein genutzt werden.

Das Kaninchen verfügt über einen relativ großen Magen, der etwa 35 % des Aufnahmevermögens des gesamten Verdauungsapparates ausmacht. Dadurch kann es täglich bis zu 60 % seines eigenen Körpergewichtes an Grünfutter aufnehmen. Der verhältnismäßig große Magen erlaubt dem Kaninchen einen geringeren Nährstoffgehalt im Futter

Selbst gesuchtes Grünfutter schmeckt natürlich am besten.

durch eine entsprechend größere Futtermenge auszugleichen. Hinzu kommt, dass schlecht verdauliche Futtermittel den Darm relativ schnell passieren und so Platz machen für eine erneute Futteraufnahme.

Bei der Vorverdauung im Dünndarm entstehen aus dem Nahrungsbrei größere und kleinere Partikel. In den Blinddarm gelangen ausschließlich nur die kleinen Partikel, die dort relativ schnell von den Bakterien vergoren werden können. Zudem erzeugen die Bakterien im Blinddarm ein Enzym (Zellulase), das die Verdaulichkeit der Rohfaser verbessert. Größere und damit schlechter durch die Bakterien verwertbare Nahrungspartikel gelangen direkt in den Dickdarm, wo sie zu den bekannten Hartkotballen geformt werden. Diese enthalten den unverdaulichen Teil der aufgenommenen Nahrung.

Kaninchen fressen ihren Blinddarmkot vorwiegend in den Abend- und Morgenstunden. Dies hat früher bei Nahrungsknappheit ihr Überleben gesichert und ist vollkommen natürlich und normal.

Bereits 3 bis 4 Stunden nach der Nahrungsaufnahme können die ersten unverdaulichen Anteile des Futters wieder ausgeschieden werden. Die in den Blinddarm gelangten kleineren Nahrungspartikel verbleiben dort für etwa 12 Stunden. Vorwiegend in den Abendstunden gelangt dieser Blinddarminhalt, der hauptsächlich aus Bakterien, Eiweißen und aufgenommenen Nahrungsmitteln besteht, in den Dickdarm und wird von dort zum After weitertransportiert, von wo er direkt von dem Kaninchen wieder aufgenommen wird. Mit steigendem Rohfasergehalt einer Futterration erhöht sich die Aufnahme des Weichkotes. Wird dagegen auf die Ernährung des Kaninchens genau abgestimmtes Mischfutter in ausreichender Menge verabreicht, wird weniger Weichkot wieder aufgenommen, da der Nahrungsbedarf des Kaninchens durch das Fertigfutter voll abgedeckt ist. Durch die Wiederaufnahme des Weichkotes können Wildkaninchen Zeiten von Futter- oder Wassermangel besser überstehen.

Futtermittel

Grundsätzlich darf Futter weder schimmlig noch verpilzt oder mit Ratten- und Mäusekot verunreinigt sein. Frisches Grünfutter darf sich nicht erhitzen. Es sollte dazu möglichst in einem kühlen Raum auf einem Rost gelagert werden, damit von allen Seiten Luft an das frisch geschnittene Gras herankommt. Erhitztes Futter ist oft Ursache der Trommelsucht bei Kaninchen.

Besonders vorsichtig und behutsam sollte man bei Futterumstellungen vorgehen. Wird im Frühjahr beispielsweise verstärkt Grünfutter gefüttert, sollte dies langsam in seiner Menge gesteigert und nicht zu viel auf einmal verabreicht werden. Weiterhin sollte man darauf achten, dass das Futter nicht zu stark mit Erde verschmutzt ist. Nasses und leicht

Rechte Seite: Grünfutter ist bei Kaninchen beliebt und kann gut selbst angebaut werden.

angefrorenes Futter dagegen ist unproblematisch. Frisch eingebrachtes Heu sollte erst einige Wochen lagern, bis es verfüttert wird. In dieser Zeit fermentiert, das heißt gärt es noch vollständig aus. Im Winter verabreichte frostharte Topinamburknollen müssen von der anhaftenden gefrorenen Erde gereinigt werden.

Bei den Futtermitteln unterscheidet man Grobfutter und Kraftfutter:

→ Grobfuttermittel sind z.B. frisches Gras, siliertes Gras, trockenes Gras und Kräuter (Heu), Stroh, Wurzelfrüchte sowie Garten- und Küchenabfälle.

→ Unter Kraftfuttermittel versteht man z.B. Getreidekörner oder Nachprodukte bei der Mehlherstellung sowie Öl- und andere Früchte. Bei den pelletierten handelsüblichen Kaninchen-Alleinfuttermitteln werden Rückstände aus der Brot- und Ölherstellung, Grünmehle und Fette gemeinsam verarbeitet.

Es gibt verschiedene Fütterungsmethoden: die Fütterung mit wirtschaftseigenen Futtermitteln (Grobfutter), die Alleinfuttermethode mit Fertigfuttermitteln (Kraftfutter) und eine kombinierte Fütterung aus Grob- und Kraftfuttermitteln. In der Hobbykaninchenhaltung überwiegt zumeist die kombinierte Fütterungsmethode, bei der das wirtschaftseigene Grundfutter mit Fertigfuttermischungen bzw. Getreide kombiniert wird. Bei der reinen Mast wird dann oft neben Heu lediglich Fertigfutter verabreicht. Futterautomaten können ruhig ganz mit dem Alleinfutter befüllt werden, da die Tiere das Futter kaum im Käfig verstreuen können. Wird Fertigfutter dagegen in Futternäpfen verabreicht, so sollte man dies auch in der Mast mehrmals täglich vorlegen.

Fütterungsmethoden

In der Hobbyhaltung wird oft zwischen der grünfutterreichen Zeit im Sommer mit der Aufzucht der Schlachttiere und der Winterfütterung unterschieden. Im Winter müssen Mineralstoffe und Vitamine zugegeben werden, da bei der Lagerung von wirtschaftseigenem Futter häufig Vitamine verloren gehen.

Grobfutter

Beim Grobfutter unterscheidet man zwischen Raufutter und Saftfutter. Bei der Verfütterung von **Raufutter** wie Gras oder der Zubereitung von Heu ist darauf zu achten, dass die Verdaulichkeit umso höher ist je jünger und damit blattreicher die Pflanzen sind. Nach der Blüte nimmt der Stängelanteil stark zu, der Blattanteil ab und somit sinkt die Verdaulichkeit. Auch der Eiweißgehalt der Pflanzen nimmt stark ab. Bei der Heugewinnung sollte man möglichst darauf achten, dass das geschnittene

Mohrrüben sind „Klassiker" und werden gern gefressen.

Gras bis zur Trocknung nicht so oft gewendet werden muss, weil sonst die eiweißreichen Blattbestandteile abfallen.

Man kann geschnittenes Gras nicht nur zu Heu verarbeiten, sondern auch silieren:

→ Das geschnittene Grüngut wird in ein größeres, luftdichtes Plastikfass bis zum Rand eingefüllt und festgestampft.
→ Das Fass wird danach mit einem Deckel luftdicht verschlossen.
→ Jeglicher Luftzutritt und Temperaturen über 12 bis 13 °C sollten möglichst vermieden werden.

Zum Silieren eignen sich auch dickstängelige Pflanzen wie z.B. Mais und Sonnenblumen. Allerdings müssen diese vor dem Silieren gut zerkleinert werden, damit möglichst keine Hohlräume im Gefäß entstehen. Außerdem können Klee oder Kohlblätter sowie Obsttrester (nur in kleinen Mengen verfüttern) siliert werden.

Schmetterlingsblütler wie die Kleearten, Erbsen, Bohnen und Wicken haben einen sehr hohen Eiweißgehalt und werden sehr gerne gefressen. Aufgrund der hohen Flächenerträge wird auch die eiweißreiche Luzerne häufig in der Kaninchenfütterung eingesetzt. Dennoch ist es auch mit diesen Pflanzen nicht möglich, die gleichen Leistungen wie mit einem pelletierten Alleinfutter zu erzielen.

Um den benötigten Energie- und Eiweißbedarf von Kaninchen mit höheren Leistungen zu decken, ist die zusätzliche Verabreichung von

Kraftfutter nötig. Gerne gefressen werden auch kohlartige Pflanzen, die allerdings aufgrund der in ihnen enthaltenen Senfölverbindungen nicht über einen längeren Zeitraum hinweg verabreicht werden sollten. Reine Gräser erreichen nicht den Nährstoffgehalt von Kleearten. Sowohl Gräser als auch kleeartige Pflanzen sollten möglichst sofort nach der Ernte verfüttert werden, um ein Erhitzen zu vermeiden.

Als Grünfutter kann man auch junge Zweige von Laubbäumen verabreichen. Aber auch hier sollte darauf geachtet werden, dass das Laub von Gehölzen den höchsten Nährstoffgehalt und die beste Verdaulichkeit während der Wachstumsperiode hat. Zweige der giftigen Eibe sollte man allerdings meiden. Als Raufutter wird oft auch Robinienlaub, das man im Juli/August erntet, gerne eingesetzt. Die zwei- bis dreijährigen Zweige werden geschnitten und in Gebinden getrocknet. Selbstverständlich kann Robinienlaub auch frisch verfüttert werden. Man kann den Tieren auch den Obstbaumabschnitt vorlegen, der besonders in der vitaminarmen Winterzeit sehr gerne benagt wird, und auch der Abschnitt von Brombeeren und Himbeeren wird gerne genommen.

Jungtiere, die erst seit kurzem feste Nahrung aufnehmen, können noch nicht Stärke und Fette verdauen, da sie nicht über die entsprechenden Enzyme (Amylasen und Lipasen) verfügen. Werden stärke- und eiweißreiche Futtermittel nur unzureichend im Dünndarm aufgeschlossen, gelangen sie in zu großen Mengen in den Blinddarm, wo sie Fehlgärungen hervorrufen können und es zu Blähungen und Durchfall (Dysenterie) kommt. Stärke- und eiweißreiche Futtermittel wie z.B. Getreide und Hülsenfrüchte sollten deshalb den Jungtieren ab dem 18. Lebenstag nur in geringen Mengen angeboten werden. Da dies problematisch ist, weil besonders die Häsin in dieser Zeit sehr viel Energie und Eiweiß benötigt, sollte den Tieren ständig Raufutter vorgelegt werden, welches Blähungen verhindert.

Prinzipiell sollte Kaninchen ständig Heu oder ein anderes rohfaserreiches Futter zur freien Aufnahme zur Verfügung stehen. Dadurch können auch Jungtierverluste reduziert werden.

Zu den **Saftfuttermitteln** zählen Wurzelfrüchte bzw. Hackfrüchte wie Kartoffeln, Topinamburknollen, Mohrrüben, Rote Bete und Rüben. Kartoffeln sollten für einen besseren Stärkeaufschluss möglichst gekocht verfüttert werden. Alle anderen Wurzelfrüchte können roh vorgelegt werden. Auch Zuckerrübenschnitzel als Rückstand der Zuckerrübenverarbeitung werden vom Kaninchen sehr gerne gefressen, da sich in ihnen noch Restgehalte von Zucker befinden.

Rübenschnitzel müssen vor der Verfütterung in Wasser aufgequollen werden. Hiervon darf nicht zu viel verfüttert werden, da sonst der Restzucker zu Darmerkrankungen führen kann. Auch Bucheckern, Eicheln, Kastanien oder Obst werden sehr gerne gefressen. Kaninchen sollten regelmäßig hartes Futter erhalten, damit sie die ständig nachwachsenden Zähne durch Nagen abnutzen können.

Kleiner Widder: trotz Schlappohren immer hellwach.

Kraftfutter

Kraftfuttermittel weisen im Vergleich zum Grobfutter einen wesentlich höheren Nährstoffgehalt auf. Daher muss von Kraftfutter wesentlich weniger gefressen werden als von Raufutter. Getreidekörner zeichnen sich durch einen hohen Energie- und einen geringen Eiweißgehalt aus. Sie sollten gequetscht werden, um die Verdaulichkeit zu erhöhen. Vor dem Zukauf von Getreidekörnern sollte allerdings ein Preisvergleich mit Mischfuttermitteln hergestellt werden, da pelletierte Fertigfuttermischungen wesentlich besser den Nährstoffbedarf des Kaninchens decken als Getreidekörner. Müssen Getreidekörner also relativ teuer gekauft werden, so wird sich der Zukauf von Fertigfuttermitteln eher lohnen.

Als Nachprodukt der Mehlherstellung fällt Kleie an, die direkt von Mühlen bezogen werden kann. Kleien können entweder direkt verfüttert oder aber dem Weichfutter beigegeben werden, um dieses fester und krümeliger zu machen. Für säugende Häsinnen werden oft Kleietränke (Kleie mit Wasser vermischt) zubereitet. Zu den Kraftfuttermitteln zählen auch sämtliche Hülsenfrüchte wie Süßlupinen und Erbsen. Die Körner und Samen von Ackerbohne, Erbse, Süßlupine, Wicke und Sojabohne sind sehr eiweißreich. Bohnen sollte man vor dem Verfüttern anquetschen. Sojabohnen müssen erhitzt werden, um das enthaltene Eiweiß auch verdaulich zu machen. Ölsaaten – zu denen auch die Sojabohne zählt – zeichnen sich sowohl durch einen hohen Energie- wie auch Eiweißgehalt aus. Gleichfalls können Sonnenblumenkerne verfüttert werden. Leinsamen und Leinkuchen werden in der Hobbykaninchenhaltung oft bei Durchfallerkrankungen oder während des Haarwechsels verfüttert. Hierzu wird zumeist fertiges Leinsamenmehl zugekauft.

Mischfuttermittel enthalten alle für die Kaninchen benötigten Nährstoffe in optimaler Zusammensetzung. Durch die Verabreichung von Mischfuttermitteln kann das Leistungsvermögen des Kaninchens wesentlich besser ausgeschöpft werden.

Beispiel für die Zusammensetzung eines Alleinfuttermittels

Grasgrünmehl	25 %
Weizengrießkleie	25 %
Sojaschrot	7 %
Haferspelzen	6 %
Weizenfuttermehl	6 %
Weizenkleie	6 %
Haferschälkleie	6 %
Leinsaatschrot	5 %
Weizenkeime	5 %
Sonnenblumenschrot	5 %
Zuckerrübenmelasse	1,75 %
Kohlensaurer Futterkalk	0,75 %
Pflanzenfett	0,5 %
Vitaminvermischung	1 %

Weichfutter

Früher hat man vor allem aus Küchenabfällen Weichfutter für Kaninchen hergestellt. Übrig gebliebene gekochte Kartoffeln, Brotreste und Kleie wurden mit heißem Wasser aufgegossen und zu einem dicken Futterbrei geknetet. Wer auch heute noch Weichfutter verfüttern möchte, muss bedenken, dass dieses Futter schnell gärt und dann für die Tiere gefährlich wird. Man sollte es daher nur in sehr kleinen Mengen verfüttern. Was die Tiere nicht binnen 30 Minuten aufgefressen haben, ist wieder aus dem Käfig zu entfernen. Bei weniger rasch gärenden Futtermitteln muss die verabreichte Futtermenge bis zur nächsten Mahlzeit aufgebraucht sein. Zusätzlich sollte ständig Heu zur Verfügung stehen.

Pro Mahlzeit sollte auch nicht zu viel Futter verabreicht werden, da die Tiere bei einem Überangebot das Futter im Käfig verstreuen. Die Behälter für das Futter müssen schwer sein, damit die Tiere sie nicht gleich umwerfen. Steingefäße sollten innen glasiert sein, damit sie leicht auswaschbar sind.

Fütterungszeiten

Das Futter sollte den Tieren in regelmäßigen Abständen vorgelegt werden, da sie sonst zu schnell fressen und die Gefahr einer Magenüberladung besteht. In der Hobbyhaltung hat sich die zweimalige Futtervorlage morgens und abends bewährt. Säugende Häsinnen sollten wegen ihres besonders hohen Futterbedarfs in Abhängigkeit des Futters mehrmals täglich Nahrung erhalten. Bei einer dreimaligen Futtervorlage könnte man am Morgen ein Weichfutter, am Mittag eine Wurzelfrucht und am Abend Kraftfutter vorlegen. Das energiereichere Futter sollte in den Abendstunden gegeben werden. Da Mutterhäsinnen ihre Jungtiere

In der erwerbsorientierten Kaninchenhaltung können durch das alleinige Verabreichen von Mischfuttermitteln durchaus 50 Jungtiere pro Mutterhäsin und Jahr aufgezogen werden. Da in der Hobbyhaltung die kombinierte Fütterung überwiegt, rechnet man hier nur mit 2 bis 3 Würfen und mit 10 bis 20 aufgezogenen Jungtieren pro Jahr und Mutterhäsin.

vornehmlich in den Morgenstunden säugen, regt die abends aufgenommene Energiemenge die Milchbildung an.

Futterpflanzenanbau

Über den eigenen Futterpflanzenanbau kann ein Teil der Kaninchenernährung relativ kostengünstig abgedeckt werden. Als Ackerfuttergräser stehen eine Reihe von Grasarten zur Verfügung, die in Reihenanbau oder im Gemengeanbau mit Leguminosen Verwendung finden. Hierzu gehören auch zahlreiche Getreidearten wie Mais (Grünmais), Roggen, Weizen, Gerste, Hafer und Hirse. Falls beim Mais eine Konservierung als Silage beabsichtigt ist, sollte er zum Zeitpunkt der Milchreife (Körner sind noch weich und beim Zerquetschen tritt eine milchähnliche Flüssigkeit aus) geerntet, klein zerschnitten und mit anderen Futterpflanzen (z.B. Gras, Leguminosen) als Mischsilage in Tonnen oder Plastiksäcken eingesäuert werden.

Gut für die Kaninchenernährung eignet sich auch Beinwell. Hierbei handelt es sich um eine Pflanze mit fleischigem bis knolligem Wurzelstock und derben, borstig behaarten Blättern. Die Vermehrung erfolgt durch Aussaat und Teilung. Diese Pflanze zeichnet sich durch einen hohen Vitamin- und Eiweißgehalt aus. Sie kann mehrere Jahre genutzt werden. Die Wurzelstecklinge sollten im Abstand von 50 cm in der Reihe und etwa 40 cm Reihenabstand in den Boden gelegt werden. Die Ernte kann mehrmals im Jahr erfolgen. Werden die Pflanzen hellgrün geerntet, sind sie noch wenig behaart und werden sehr gerne gefressen.

Weiterhin können Raps, Süßlupinen, Kartoffeln, Mohrrüben, Sonnenblumen und Luzerne angebaut werden. Bei den Sonnenblumen können die Blätter, die aufgeschnittenen Stängel und die Körner verfüttert werden. Die Luzerne eignet sich gut als Dauerpflanze, die frisch und als Heu verfüttert werden kann. Luzerne sollte im ersten Jahr nur einmal, und zwar vor der Blüte, geschnitten werden. In den folgenden Jahren kann sie dann mehrmals abgeerntet werden.

Bei der Verfütterung von Rotklee sollte man zurückhaltender sein, da ein Zuviel an Rotklee die gefürchtete Blähsucht hervorrufen kann. Bei der Zichorie sind die Grünteile und die Wurzeln verwertbar, die wiederum sehr gut im Boden lagerfähig sind. Leicht angewelkt oder getrocknet verfütterte Brennnesseln haben einen sehr hohen Eiweiß- und Vitamingehalt. Huflattich sagt man nach, dass dieser vorbeugend gegen Blähsucht wirkt.

Topinambur kann mehrjährig genutzt werden, da in jedem Fall genügend Knollen nach der Ernte für einen neuen Aufwuchs im Boden ver-

Beispielmengen für die täglichen Futterrationen	
In der 1. und 2. Trächtigkeitswoche bzw. während der Zuchtruhe	100 g Heu 100 g Gras (im Winter alternativ 100 g Topinambur) 70 g Gerste 2 g Mineralstoffmischung
3. und 4. Trächtigkeitswoche	100 g Heu 100 g Gras 70 g Gerste 30 g Alleinfutter
Laktation (18. bis 20. Tag = Höhepunkt der Laktation)	100 g Heu 150 g Brennnesselheu 100 g Gras 70 g Gerste 200 g Futterrüben 200 g Alleinfutter
Pro Masttier mit einem Lebendgewicht von ca. 2,8 kg	100 g Heu 150 g Gras 30 g Gerste 50 g Alleinfutter

bleiben. Neben den Knollen steht auch die Sprossmasse als Kaninchenfutter zur Verfügung. Die Ernte erfolgt meist über zwei Grünschnitte, wobei der erste Mitte Juli und der zweite Anfang Oktober durchgeführt wird. Die dickeren Stängel sind ähnlich wie die Sonnenblumenstängel markhaltig. Die Grünmasse kann auch gut getrocknet werden. Knollen sollten möglichst erst kurz vor der Verfütterung aus dem Boden ausgegraben werden, da sie sehr rasch zu faulen beginnen.

Kohlrüben sind ziemlich frostunempfindlich, sollten aber vor strengen Frösten geerntet und im Keller eingelagert werden. Auch beim Rosenkohl sind die meisten Sorten genügend winterhart. Bei frostfreiem Wetter kann den ganzen Winter über geerntet werden. Auch Kohlrabi und Blumenkohl können angebaut werden. Grünkohl steht ab Spätherbst den ganzen Winter über als Futtermittel zur Verfügung, da er sehr winterhart ist. Er wird mit einem Reihenabstand von 50 cm und einem Abstand in der Reihe von 40 cm ausgepflanzt. Beim Markstammkohl können sowohl die Blätter als auch der aufgeschnittene Stiel verfüttert werden. Markstammkohl ist ebenfalls sehr frostunempfindlich.

Holländer

Das Holländer-Kaninchen ist eine Liebhaberrasse, die aber sehr fruchtbar ist und große Würfe hervorbringt. Aufgrund der typischen Plattenfärbung ist es von allen anderen Kaninchenrassen leicht zu unterschieden. Diese kleine Rasse ist sehr frohwüchsig und mastfähig. Die Häsinnen sind meistens sehr gute Mütter. Die Tiere sind lebhaft, dennoch problemlos in der Handhabung und eignen sich auch für die Gruppenhaltung. Der Körperbau ist walzenförmig und das Becken gut bemuskelt. Oftmals werden Holländerkaninchen für die Fleischerzeugung mit anderen Rassen angepaart, um kompakte Schlachtkörper zu erzielen. Der Körper ist sehr schön abgerundet. Das Holländer-Kaninchen ist eine sehr alte Rasse. Holländer treten in den Farben Schwarz-Weiß, Blau-Weiß, Grau-Weiß, Thüringerfarbig-Weiß, Gelb-Weiß, Havannafarbig-Weiß, Japanerfarbig-Weiß, Fehfarbig-Weiß und Chinchillafarbig-Weiß auf.

	Gewicht	maximal
Holländer	2,5 kg	3,25 kg

Kleinsilber

Kleinsilber sind kleine, gedrungene, muskulöse Kaninchen. Das griffige Fell trägt eine feine, gleichmäßige Silberung. Sechs Farbschläge sind anerkannt und werden als getrennte Rassen betrachtet. Kleinsilber sind sehr lebhaft und können mitunter sogar bissig sein. Daher sollten die Jungtiere frühzeitig abgesetzt und dann in Einzelbuchten gehalten werden. Kleinsilber gibt es in den Farben Schwarz (Foto), Blau, Gelb, Braun, Havanna (Tiefbraun) und Silber.

	Gewicht	maximal
Kleinsilber	2,5 kg	3,25 kg

Kalifornier

Kalifornier sind mittelgroß, sehr fruchtbar und frühreif. Die Tiere haben gute Wachstumseigenschaften, wodurch sie als ausgezeichnete Fleischrasse anzusehen sind. Der Körper ist gedrungen und wirkt dadurch walzenförmig. Maske, Ohren, Läufe und Blume sind dunkel gefärbt, während die Augen rot sind. Allerdings ist das Erreichen der dunklen Abzeichen bei der Zucht recht schwierig und sie sind oft nur von kurzer Dauer. Die Läufe sind relativ kurz. Die Zucht dieser aus Kalifornien stammenden Rasse hat in Europa erst um 1960 begonnen. Kalifornier-Kaninchen ähneln von den Leistungen her den Weißen Neuseeländern, die auch eine der Ausgangsrassen darstellen. Die Tiere zeichnen sich durch eine hohe Fruchtbarkeit und eine hohe Mastfähigkeit aus. Kalifornier sind weiß mit schwarzer, havannafarbiger oder blauer Zeichnung.

	Gewicht	maximal
Kalifornier	über 4 kg	5 kg

Nachwuchs

Rechte Seite: Kaninchenmütter werfen meist 8 bis 10 Jungtiere.

Die Fruchtbarkeit der Kaninchen ist sprichwörtlich. Daher wird jeder Kaninchenhalter nicht nur im Hinblick auf die Selbstversorgung mit den Produkten, sondern einfach auch aus Freude an den Tieren sicherlich gerne eine eigene Zucht aufbauen.

Nicht umsonst ist die Kaninchenzucht ein verbreitetes Hobby, das sich für die ganze Familie eignet. Kaninchen zu züchten ist einfach und macht viel Freude. Ein eigener Zuchtstamm mit gesunden, kräftigen Tieren ist schnell aufgebaut.

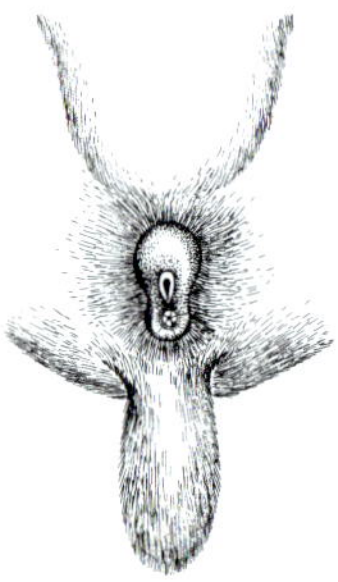

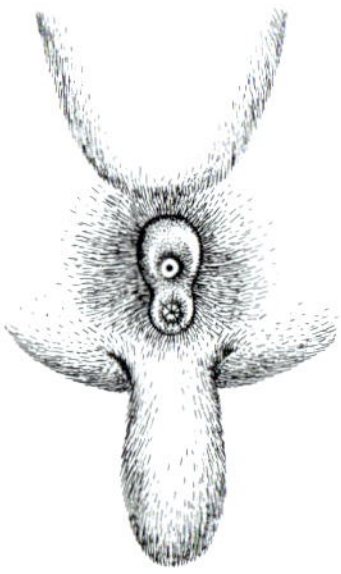

Geschlechtsunterscheidung bei Neugeborenen: oben weiblich, unten männlich.

Fortpflanzung und Trächtigkeit

Die Fruchtbarkeit wird durch die Zahl der pro Häsin und Jahr aufgezogenen Jungtiere und damit im Wesentlichen von der Häsin bestimmt. Ein Kaninchen kann 9 bis 11 Würfe pro Jahr aufziehen. Die Zuchttiere müssen gesund sein und die Zuchtreife besitzen.

Die Zuchtreife ist dann erlangt, wenn die Jungtiere etwa 70 % ihres rassetypischen Endgewichtes erreicht haben. Werden die Zuchttiere zu schwer, nehmen sie in der Regel nicht mehr auf oder bekommen Schwierigkeiten beim Geburtsvorgang, weil die Geburtsöffnungen infolge der Verfettung zu klein sind. Auch kommt es dann häufig zu Schwierigkeiten beim Einschießen der Milch in die Zitzen.

Geschlechtsreife und Zuchtreife

Die Geschlechtsreife tritt bei den kleinen Kaninchenrassen in der Regel mit 3 bis 4 Monaten, bei den mittleren Rassen mit 4 bis 5 und bei den größeren Rassen mit 7 bis 8 Monaten ein. Allerdings sollte der Hobbyzüchter nicht bereits bei Eintritt der Geschlechtsreife seine Tiere zur Zucht verwenden. Dies sollte erst mit Eintritt in die Zuchtreife geschehen, bei kleinen Rassen mit etwa 6 Monaten, bei mittleren mit 7 Monaten und bei Großrassen mit etwa 8 Monaten. Die Kaninchen dürfen nur

früher gedeckt werden, wenn die zur Zuchtreife nötige körperliche Entwicklung bereits erreicht ist.

Beeinflusst wird die Zuchtreife durch die Rasse, das Geschlecht, die Fütterungsgrundlage und eventuell den Geburtsmonat. Tiere aus Herbstwürfen sind in der Regel eher zuchttauglich als Tiere aus Frühjahrsgeburten. Bei Häsinnen tritt zudem die Geschlechtsreife zeitlich eher ein als bei männlichen Tieren. Bei weiblichen Zuchttieren sollte man auf ein breites und tiefes Becken Wert legen. Außerdem sollten sie mindestens acht gut ausgebildete Zitzen aufweisen.

Eisprung

Bei Kaninchen gibt es keinen strengen Sexualzyklus wie bei Rind, Pferd oder Schwein. So ist bei Häsinnen eine erfolgreiche Paarung eigentlich immer möglich. Eine Besonderheit bei den Häsinnen ist, dass der Eisprung erst durch den Deckakt ausgelöst wird.

Häsinnen bilden nach der Pubertät fortlaufend Eier. Die Ovulation (Eisprung) erfolgt etwa 10 Stunden nach dem Deckakt. Die eigentliche Befruchtung findet 2 bis 4 Stunden nach dem Eisprung statt. Erfolgt kein Eisprung, verkümmern die reifen Eier nach einer gewissen Zeit, während gleichzeitig neue Eier heranreifen. Somit sind permanent reife Eier vorhanden, so dass zu jedem Zeitpunkt eine erfolgreiche Bedeckung möglich ist.

Der Eisprung kann aber auch durch andere Einflüsse ausgelöst werden. Reitet z.B. eine andere Häsin bei der zuchtreifen Häsin auf, ist unter dem Einfluss des sich entwickelten Gelbkörpers im Zeitraum von 2 bis 3 Wochen keine Befruchtung mehr möglich. Dies wird auch als Scheinträchtigkeit bezeichnet.

Deckbereitschaft

Die Deckbereitschaft der Häsin nennt man Brunst oder Hitze. Werden die Rammler nicht in unmittelbarer Nähe zu den Häsinnen gehalten, kann die Paarungsbereitschaft nicht immer gleich erkannt werden. Es gibt aber einige Anzeichen und Verhaltensweisen, die relativ sicher auf die Hitze der Häsin schließen lassen. Dazu gehören ein Anschwellen und eine bläulich-rote Verfärbung der Schamlippen.
Auch ist bei Hitze zu beobachten, dass die Hinterpartie angehoben wird, wenn man das Tier gegen den Haarstrich streicht.

Oft zeigen hitzige Häsinnen auch ein unruhiges Verhalten, beginnen mit dem Nestbau oder rupfen Haare. Sie können auch knurren oder klagen. Oft signalisiert eine häufige Harnabgabe die Deckbereitschaft. Die Paarungswilligkeit einer Häsin hängt unter anderem von Jahreszeit, Witterung und vor allem von der richtigen vitaminreichen Ernährung ab. Bei Stallhaltung kann man auch im Spätherbst und im Winter durch eine Beleuchtungsdauer von 14 bis 16 Stunden die Paarungswilligkeit erhöhen.

Annäherungsversuch des Rammlers an eine paarungsbereite Häsin und Deckakt.

Ist die Häsin deckwillig, so hebt sie kurz nach dem Aufsprung des Rammlers die Hinterpartie an bei gleichzeitigem Herunterdrücken des Brustkorbes in lang gestreckter Haltung. Macht die Häsin dagegen einen krummen Buckel, signalisiert dies häufig, dass sie im Moment nicht paarungswillig ist.

Oft kommt es jedoch vor, dass die Häsin so hitzig und nervös ist, dass sie vor Aufregung vor dem Rammler flüchtet und im Kreis herum rennt. In diesem Fall sollte die Häsin vorsichtig mit dem Kopf- und der Nackenpartie gegen die Rückfront oder die Seitenbegrenzungen des Käfigs gedrückt werden und zwar so, dass der Rammler von hinten noch genügend Platz hat aufzuspringen. Wenn eine Paarung nicht zustande kommt, ist es oft zweckmäßig die Häsin dicht an den Käfig des Rammlers heranzusetzen, da dessen Duftstoffe (Pheromone) die Deckbereitschaft der Häsin erhöhen.

Paarung

Für die Paarung sollte man immer die Häsin zum Rammler bringen und niemals umgekehrt. Es kann sonst vorkommen, dass die Häsin den Rammler in ihrer bekannten Umgebung wegbeißt und der Rammler dadurch unsicher wird. Rammler sind in ihrer gewohnten Umgebung stets deckfreudiger und nicht durch die Veränderung ihrer Umgebung abgelenkt. Außerdem wird die Häsin durch den Geruch im Rammlerkäfig stimuliert. Verwendet man einen jungen Rammler, sollte man ihm eine hitzige, ruhige und erfahrene Häsin geben. Paarungswillige Häsinnen erleichtern die Bedeckung durch leichtes Anheben des Beckens. Bestehen Zweifel am Erfolg der Paarung, kann nachgedeckt werden. Dies sollte etwa 10 Stunden nach dem ersten Deckakt erfolgen, da zu diesem Zeitpunkt die Wahrscheinlichkeit der Befruchtung am höchsten ist (Eisprung).

Die eigentliche Paarung geht sehr schnell vonstatten. Der Rammler springt auf die Häsin auf und umklammert sie mit beiden Vorderläufen. Oft legt er seinen Kopf an den Hals der Häsin. Unter rhythmischen Bewegungen versucht der Rammler die Scheide der Häsin zu finden. Hat er die Scheide gefunden, fällt er mit einem Knurrlaut zur Seite. Oft verschließt der Rammler kurz nach erfolgtem Deckakt die Augen. Häufig verweilt er im engen Kontakt noch schräg auf der Häsin. Besonders junge Rammler stoßen nach dem ersten Deckakt auch einen kurzen Schrei aus. Ist die Häsin hitzig, dauert die Paarung oft nur wenige Sekunden. Der Züchter sollte bei dem Deckakt anwesend sein, um zu kontrollieren, ob die Paarung tatsächlich erfolgt.

Werden in einem Bestand mehrere Häsinnen gehalten, ist es ratsam sie nacheinander in kurzen Abständen dem Rammler zuzuführen. Dadurch werfen die Häsinnen auch in einem zeitlich eng begrenzten Rahmen.

Scheinträchtigkeit

Nicht jede Paarung ist erfolgreich. Rupft die Häsin sich z.B. 14 bis 17 Tage nach dem Deckakt büschelweise Haare aus und sammelt Stroh, so ist sie scheinträchtig. Selten können auch die Zitzen an Umfang zunehmen. Die Scheinträchtigkeit dauert ca. 18 Tage. Eine erneute Paarung sollte nicht vor dem 18. Tag durchgeführt werden, da es sonst fast nie zur Trächtigkeit kommt.

Doppelträchtigkeit

Das Kaninchen besitzt eine doppelt angelegte Gebärmutter, während bei den meisten anderen Haustieren die Gebärmutterhörner weitgehend verschmolzen sind. Dies ist sicher auch ein Grund für die sehr hohe Reproduktionsleistung der Kaninchen. Im Zusammenhang mit der doppelt angelegten Gebärmutter muss auch die Erscheinung der Doppelträchtigkeit (Superfötation) gesehen werden.

Viele Hobbyzüchter bringen ihre Häsinnen 10 bis 14 Tage nach dem ersten Deckakt erneut zum Rammler. Das Verhalten der Häsin gegenüber dem Rammler soll zeigen, ob sie tragend ist oder nicht. Wenn sie tragend ist, lässt sie sich normalerweise nicht decken. Lässt sie in Ausnahmefällen den Deckakt trotzdem zu, kann dies auf der Besonderheit der doppelt angelegten Gebärmutter beruhen. Hierbei könnten dann theoretisch Junge von zwei in zeitlichem Abstand erfolgten Befruchtungen gleichzeitig ausgetragen werden.

Man geht davon aus, dass sich die Embryonen jeder Paarung in jeweils einem Uterus entwickeln. Die Geburten würden dann im Abstand der Befruchtungen erfolgen. Da die Doppelträchtigkeit aber äußerst selten auftritt, kann man seine Häsin ruhig 10 bis 14 Tage nach dem ersten Decktermin erneut zum Rammler bringen. Ist die Häsin dann paarungswillig, sollte man den Deckakt zulassen.

Trächtigkeit

12 bis 14 Tage nach dem Decken lässt sich durch vorsichtiges Betasten der hinteren Bauchpartie der Häsin feststellen, ob sie tragend ist. Eine Hand umfasst die Ohren und die Nackengegend der Häsin. Mit der anderen Hand tastet man vorsichtig den vorderen und seitlichen Teil der Bauchhöhle ab. Die Embryonen haben in dieser Zeit ungefähr die Größe eines Kotbällchens und sind perlschnurartig aufgereiht. Im hinteren Teil der Bauchhöhle befindet sich der Enddarm ebenfalls mit den perlschnurartig aufgereihten Kotkügelchen. Die Gefahr, die Embryonen mit diesen zu verwechseln, ist aber bei einiger Übung kaum gegeben.

Eine Feststellung der Trächtigkeit ist auch durch die Beobachtung der Verhaltensänderungen möglich. So können sonst ruhige Tiere unruhig und temperamentvoll, bisher vitale Kaninchen träge und phlegmatisch werden. Nach dem Deckakt lässt oft die Fresslust für ein paar Tage nach, um dann wieder verstärkt einzusetzen.

Die durchschnittliche Trächtigkeitsdauer beträgt 31 Tage bei einer Variationsbreite von 30 bis 33 Tagen. In der Regel liegt man mit dem Wurftag richtig, wenn man zu dem Decktag 31 Tage hinzuzählt. In der 2. Hälfte der Trächtigkeit nimmt die Häsin an Bauchumfang und Gewicht zu. Tragende Häsinnen sollten nicht unnötig aus ihren Buchten herausgenommen werden. Prinzipiell ist es ratsam der Häsin gleich nach dem Decken durch den Rammler diejenige Bucht zuzuteilen, in der sie auch ihre Jungen wirft.

Wurfhitze

Wild- und auch Hauskaninchen zeigen eine sehr hohe Decklust bereits 1 bis 2 Tage nach dem Werfen. Dies bezeichnet man als "Wurfhitze". Beim Wildkaninchen erfolgt die Paarung meist während dieser Zeit. In größeren Kaninchenanlagen wird die Häsin in der Regel zwei Tage nach dem Werfen erneut gedeckt.

Rechte Seite: Kaninchenmütter achten besonders aufmerksam auf ihre Umgebung.

Etwa eine Woche vor dem Werfen sollte die geräumige und ruhige Bucht nochmals gründlich gereinigt und desinfiziert werden. Das Zusammentragen von Nestmaterial zeigt bereits 1 bis 3 Tage vorher die Geburt an, bei manchen Häsinnen aber auch erst Stunden vor dem Wurf. Die Tiere rupfen Haare und polstern damit ihr Nest aus. Gleichzeitig werden durch das Rupfen der Haare auch die Zitzen freigelegt, damit die Jungtiere sie beim Säugen schnell finden. Das Rupfen der Haare kann aber auch erst unmittelbar nach der Geburt erfolgen.

Geburt und Aufzucht

Geburt

Bei der Einzelhaltung sollte man etwa 3 Tage vor dem errechneten Wurftermin einen Wurfkasten aus Holz oder Kunststoff in die Bucht stellen. Der Wurfkasten sollte der Rasse an Größe entsprechen und mit Stroh bzw. Einstreumaterial gefüllt werden. Viele Hobbyzüchter benutzen als Wurfkäfig Doppelbuchten, die entweder ein herausnehmbares Trennteil haben oder einen Durchschlupf für die Jungtiere.

Die Geburt selbst erfolgt ohne Hilfe des Tierhalters. Ob eine Häsin frisch geworfen hat, erkennt man meist daran, dass der Mundbereich durch das Belecken der Neugeborenen und die Vorderpfoten durch das Putzen an der eigenen Schnauze rötlich gefärbt sind. Außerdem finden sich im Käfig verstreute Haarbüschel, welche die Häsin oft wieder einsammelt und ins Nest bringt.

Beim Nestbau verhalten sich Häsinnen oft unterschiedlich. Vor allem kommt es darauf an, ob eine Häsin das erste Mal wirft oder ob sie bereits Erfahrung von früheren Würfen hat. Tiere, die das erste Mal werfen, zeigen oft ein mangelndes Nestbauverhalten und verstreuen die Jungen im Käfig. Deshalb ist ein Überprüfen des Nestes unmittelbar im Anschluss an die Geburt durch den Züchter sehr wichtig.

Hierbei sollte man die Häsin aus dem Käfig nehmen bzw. sie mit Leckerbissen ablenken. Nach dem Werfen sollte das Nest auf tote und kümmernde Jungtiere und auf Nachgeburten hin untersucht werden, die sofort aus dem Nest entfernt werden. Findet man nach dem Säugen verstreute Jungtiere, legt man sie sofort wieder in die Mitte des Nestes zurück bzw. lässt sie in einem warmen Raum oder unter einer Wärmelampe aufwärmen und bringt sie dann zurück ins Nest. Auch in der Hosen- oder Hemdtasche lassen sich unterkühlte Tiere aufwärmen. Sind die Tiere allerdings zu stark unterkühlt und fast schon steif, kommt meistens jede Hilfe zu spät.

Hat die Häsin durch die Geburt viel Blut verloren, sollte der Wurfkasten gereinigt werden. Die Häsin wird herausgenommen, die Jungen legt man in ein Gefäß mit Einstreu und geformter Mulde. Saubere Haare bewahrt man auf. Nach dem Reinigen streut man den Wurfkasten neu ein, legt die Jungtiere in eine Mulde und deckt sie mit den Haaren gut zu.

Manchmal empfiehlt es sich die Häsin nach der Geburt für einige Stunden von den wieder in das Nest gelegten Jungtieren zu trennen und danach unter Kontrolle säugen zu lassen, da sie dann wieder ruhiger und nicht mehr so nervös ist.

Es gibt auch Häsinnen mit sehr schlechten Nestbaueigenschaften. Sie sollten von der Zucht ausgeschlossen werden. Bei Junghäsinnen kann der Züchter beim ersten Werfen noch "ein Auge zudrücken", da der Geburtsvorgang für das Tier etwas Neues ist und die nötige Erfahrung fehlt. Allerdings sollten das Nestbauverhalten und die Geburt beim zweiten Wurf reibungslos vonstatten gehen.

Im Wurfkasten

Die Bereitstellung eines geschlossenen Wurfkastens kommt den verhaltensbedingten Anforderungen des Kaninchens am nächsten, da auch Wildkaninchen ihr Nest in einer so genannten Satzröhre anlegen. Ein solcher Wurfkasten hat mehrere Vorteile:

- → Ein Verstreuen der Jungtiere in der Bucht wird weitgehend verhindert.
- → Im Wurfkasten wird eine gleichmäßige Temperatur gehalten.
- → Die Häsin wird von ihren Jungtieren weitgehend abgetrennt und nicht durch deren Bewegungen zum Fressen des eigenen Nachwuchses angeregt.

Häsinnen haben unmittelbar vor und nach dem Wurf großen Durst. Man sollte also darauf achten, dass zu dieser Zeit ausreichend gefüllte Trinkflaschen, im Sommer mit kühlem und im Winter mit leicht angewärmtem Wasser, zur Verfügung stehen. Nach dem Werfen ist das Trinken sehr oft die erste Handlung der Häsin.

Das neugeborene, nackte, blinde und zur Fortbewegung noch nicht fähige Kaninchen ist ein Nesthocker und benötigt die Wärme der Artgenossen. Deshalb sollte man darauf achten, dass der Wurf immer schön beieinander liegt. Auch die Wärmeisolierung des Nestbodens und die Einstreu sind wichtig für das Überleben der Tiere. Als Nestmaterial eignen sich im Handel erhältliche entstaubte Hobelspäne, die sich mit den gerupften Haaren der Häsin sehr gut verbinden und somit ein sehr günstiges Kleinklima im Nest schaffen. Die Hobelspäne müssen unbedingt entstaubt sein, weil sonst die Häsinnen Probleme mit den Atemwegen bekommen. Deshalb ist auch Hafer- und Gerstenstroh aufgrund der Grannen weniger geeignet.

Säugen

Kaninchen werfen zwischen ein und 20, meistens um die 8 bis 10 Jungtiere. Da die Zitzenzahl in der Regel 8 beträgt, sollte die Zahl der Jungtiere die Zitzenzahl nicht übersteigen. Hierzu kann ein Ausgleich der

Jungen zwischen den einzelnen Würfen vorgenommen werden. Das Untersetzen der Jungen zu einer anderen Häsin erfolgt am besten ein paar Stunden vor dem Säugen, damit die Jungtiere den Nestgeruch der neuen Häsin angenommen haben. Lebensschwache und kranke oder verkümmerte Jungtiere sollten bereits direkt nach der Geburt getötet werden. Das Geschlecht ist am ersten Lebenstag der Jungtiere noch gut festzustellen. Eine Unterscheidung der beiden Geschlechter ist dann erst wieder drei Wochen später möglich (siehe Abbildung Seite 54).

Hermelinkinder: Ganz die Mutter!

Eine Häsin sollte mindestens 3 bis 4 Jungtiere großziehen. Bei nur einem oder zwei Jungtieren kann es vorkommen, dass sie Milchstau bekommt, weil die Jungtiere nicht genügend Milch abtrinken. Auf der anderen Seite trinken die Jungtiere dann so viel Milch, dass ihr Muskelwachstum das Skelettwachstum übertrifft. Häufig kommt es dadurch zu Skelettproblemen und Skelettschädigungen.

Die Häsin säugt ihre Jungtiere in der Regel nur einmal täglich für 3 bis 5 Minuten. Sind nun mehr Jungtiere als Zitzen vorhanden, haben schwächere Jungtiere nur geringe Chancen Milch zu erhalten. Bekommen Jungtiere während drei aufeinander folgenden Tagen keine Milch, gehen sie ein. Die Jungtiere werden kurz nach der Geburt von ihrer Mutter erstmals gesäugt, wodurch der Darm vom Darmpech gereinigt wird.

Gut gesäugte Jungtiere haben runde und pralle Bäuche. Die Milch in den Bäuchen hebt sich in den ersten Lebenstagen noch gut von den anderen Organen ab und man kann sehr schön sehen, ob die Tiere gesäugt

Bevor man in ein Kaninchennest fasst, sollte man der Mutterhäsin ein paar Mal durch das Fell fahren, um ihren Geruch an den Händen anzunehmen. Geht man an ein anderes Nest, ist es ratsam sich die Hände zu waschen und bei der nächsten Häsin genauso zu verfahren.

wurden. Runzlige und faltige Haut deutet auf eine schlechte Milchleistung der Häsin.

Die Jungtiere springen beim Säugen regelrecht an die Zitzen der Häsin, wenn sich diese zum Säugen in den Wurfkasten begibt bzw. über das Nest beugt. Oft halten sich die Jungtiere auch nach dem Saugakt noch an der Zitze fest und werden so aus dem Nest bzw. Wurfkasten befördert. Die Jungtiere sind noch blind, haben aber den Trieb sich nach unten zu orientieren und finden dann meist wieder ohne Hilfe das etwas tiefer gelegte Nest. Manchmal muss jedoch man aber bei der täglichen Kontrolle verstreute Jungtiere wieder ins Nest zurücktransportieren.

Bei der einmaligen zumeist in den Morgenstunden stattfindenden Säugephase können die Jungtiere bis zu 30 % ihres eigenen Gewichtes an Milch aufnehmen. Der Magen der Jungtiere hat ein sehr großes Fassungsvermögen. Die einmalige Säugephase am Tag ist ausreichend, da Kaninchenmilch einen fast doppelt so hohen Trockensubstanzgehalt aufweist wie Kuh- bzw. Schafmilch. Der Fettgehalt ist doppelt bis über dreimal so hoch und der Eiweißgehalt etwa doppelt bis viermal so hoch.

Der hohe Energie- und Eiweißgehalt der Kaninchenmilch ermöglicht eine schnelle Gewichtsentwicklung der Jungen. Doch die erzeugte Milchmenge ist abhängig von der Fütterung und der Wasserversorgung des Muttertieres. Tragende Häsinnen müssen ständig ausreichend Trinkwasser vorfinden. Bei säugenden Häsinnen steigt das Flüssigkeitsbedürfnis nochmals stark an. Wird Grün- oder Saftfutter gegeben, ist das Wasserbedürfnis der Tiere etwas reduziert. Dennoch brauchen säugende Häsinnen auch dann ständig frisches Wasser. Als Faustregel kann man sich merken, dass etwa doppelt so viel Wasser getrunken werden muss wie Trockenfutter aufgenommen wird. In der Spitze der Säugeperiode können dies durchaus 2 bis 3 l am Tag sein.

Neigen Junghäsinnen zu Fehlverhalten wie z.B. Kronismus (Fressen der eigenen Jungen), Verstreuen der Jungtiere im Käfig oder Urinieren in das Nest, sollte man sie in den ersten Tagen aus dem Käfig nehmen und nur einmal täglich zum Säugen der Jungtiere zurückbringen.

Während der Säugezeit sind Kraftfuttergaben unerlässlich. In Abhängigkeit von der Fütterung der Häsin erreicht die Milchleistung zwischen dem 17. und 23. Tag nach dem Werfen ihren Höhepunkt. Ab dem 18. Tag, an dem die Jungtiere erste feste Nahrung aufnehmen, ist darauf zu achten, dass die Selbsttränken für die Jungtiere problemlos erreichbar sind.

Bis zu diesem Zeitpunkt ist die Bereitstellung der Muttermilch unentbehrlich. Ist die Wurfstärke gering und die Tiere können relativ viel Milch aufnehmen, fangen sie später mit dem Trockenfutterverzehr an. Ab der 4. Woche nimmt die Milchleistung der Häsin ab. Deshalb kann dann das Kraftfutter den Jungtieren statt der Häsin verabreicht werden.

Jungtiere öffnen im Alter von 12 Tagen erstmalig die Augen und verlassen das Nest um den 18. Lebenstag. Haben sie das Nest verlassen, kann man die tägliche Nestkontrolle einstellen. Verlassen die Jungtiere vor dem 18. Lebenstag das Nest, so ist dies ein Hinweis darauf, dass die Mutterhäsin nicht genügend Milch gibt. Ein sicheres Indiz für den Milchmangel einer Häsin ist auch, wenn bei der täglichen Nestkontrolle vor dem 18. Lebenstag die Jungtiere an die Hand bzw. Finger des Betreuers gehen und versuchen Milch zu saugen. Haben die Jungtiere bereits die Augen geöffnet, suchen sie auch außerhalb der Säugezeit bei Milchmangel die Zitzen der Häsin auf. Zeigen eine Häsin bzw. deren Junge diese Symptome beim 2. Wurf, sollten die Häsin sowie ihre Nachkommen von einer Weiterzucht ausgeschlossen werden.

Jungenaufzucht

Da Wildkaninchen in der Regel 1 bis 2 Tage nach dem Werfen erneut gedeckt werden, hört bei diesen die Milchbildung ab dem 28. Tag auf. In der Wirtschaftskaninchenzucht wird daher an diesem Tag abgesetzt. Nichttragende Häsinnen säugen in der Regel bis zur 7. Lebenswoche ihre Jungtiere. Bis zum 18. Lebenstag wird die Milchleistung einer Häsin von der Futtergrundlage und von der Zahl der Jungtiere bestimmt. Ist die Zahl der Jungtiere größer, wird die Milchbildung angeregt und die Häsin erzeugt mehr Milch. Ist die Zahl der Jungtiere relativ klein, erhält zwar jedes Jungtier mehr Milch, die Milchleistung der Häsin insgesamt ist aber geringer. Das Lebensgewicht der Jungen am 18. Tag ein Indiz für das Milchbildungsvermögen der Häsin.

Haben die Jungtiere ein Alter von etwa 20 Tagen erreicht, sind sie in der Lage sich ausschließlich von festem Futter zu ernähren.

In Abhängigkeit der Futtergrundlage der Häsin sollte die Säugezeit des Muttertieres 6 bis 7 Wochen nicht übersteigen. Dies ist nicht nur durch die Milchleistung der Häsin bedingt, sondern auch durch die dann beginnende verstärkte Krankheitsübertragung von der Mutterhäsin auf ihre Nachkommen. Während der Zeit der Jungenaufzucht ist besonders sorgfältig auf die Stallhygiene zu achten. Der erhöhte Kotanfall erfordert eine wöchentliche Grundreinigung der Ställe. Es muss immer frisches Trinkwasser zur Verfügung stehen, das Futter muss in einwandfreiem Zustand sein und es dürfen sich weder Kotecken

Mutterlose Jungtiere kann man einer Ammenhäsin unterlegen. Deshalb ist es von Vorteil, wenn mehrere Häsinnen zeitgleich gedeckt werden. Auch wenn die Jungtiere bereits festes Futter aufnehmen, können sie einer anderen Mutterhäsin untergeschoben werden. Diese sollte dabei aus dem Käfig genommen und dann zunächst mit einem "Leckerbissen" abgelenkt werden.

noch Feuchtigkeit im Stall ansammeln. Verschmutzte Einstreu ist regelmäßig zu entfernen.

Jungtiere können nur dann zügig heranwachsen, wenn die Futtergrundlage stimmt. Dennoch sollten in der Umstellungsphase zu hohe Grünfuttergaben vermieden werden. Heu kann dagegen ständig angeboten werden. Es ist ratsam Jungtieren in begrenztem Umfang leicht verdauliche und eiweißreiche Pflanzen anzubieten. Hiermit sind besonders die Blätter und weniger die Stängel von Pflanzen oder Pflanzenteilen gemeint. Falls möglich, sollte in dieser Zeit nicht nur morgens und abends, sondern auch mittags gefüttert werden. Die Jungtiere fressen sich dann nicht so voll und verteilen ihre Nahrungsaufnahme gleichmäßig über den Tag.

Absetzen

Um Zitzenverletzungen der Mutterhäsin durch die ausgebildeten Zähne der Jungtiere zu vermeiden, sollte man die Jungtiere rechtzeitig absetzen. Sie sollten in ihrer gewohnten Umgebung belassen werden, wogegen die Häsin in einen anderen Käfig gesetzt wird.

In der Hobbyhaltung hat man früher zuerst diejenigen Tiere von der Mutter abgesetzt, die nach einer Mastdauer geschlachtet werden sollten. Heute geht man zur Schonung des Muttertieres dazu über die Tiere gleichzeitig von der Mutter abzusetzen. Auch aus Gründen der Krankheitsvorsorge ist dies zu empfehlen.

> Bei behaarten Jungtieren und Sommerhitze sollte man die Haare aus dem Nest entfernen. Wird es nämlich den Jungen zu warm, legen sie sich auf die Haare. Da diese aber Feuchtigkeit schlecht binden, werden Erkrankungen gefördert und die Abwehrkräfte geschwächt.

Nach dem Absetzen der Jungtiere wird die Häsin in Abhängigkeit ihrer körperlichen Verfassung wieder paarungsbereit. Mit der Wiederbelegung sollte auch nicht zu lange gewartet werden, weil die Häsinnen sonst zu stark verfetten. In der Hobbyhaltung beträgt der Abstand zwischen den Wurfterminen etwa 130 bis 170 Tage.

Nach dem Absetzen müssen sowohl Jungtiere als auch Muttertiere ausreichend mit Nährstoffen versorgt werden. Die zur Zucht auserkorenen Tiere eines Wurfes sollten nicht zu früh einzeln in Buchten gesetzt werden, da diese Tiere infolge des fehlenden Futterneides weniger fressen und geringere Zunahmen erzielen. Bleibt die Nachzucht so lange es geht beieinander, animieren sich die Tiere gegenseitig zum Fressen. Dieser Futterneid erhöht die Wachstumsleistungen der Gruppe insgesamt. Zwischen dem 25. und 28. Lebenstag beginnt die Ausscheidung von Weichkot.

Wenn irgend möglich, sollte der gesamte Wurf noch für einige Zeit zusammenbleiben. Masttiere, die bereits mit 12 bis 13 Wochen geschlachtet werden sollen, braucht man in der Regel nicht nach Geschlechtern zu

trennen. Es kann aber vorkommen, dass einzelne Jungtiere ihre Mitbewohner drangsalieren. Dies müssen nicht unbedingt männliche Tiere sein.

Wo bleibt das Futter?

Jungtiere, die in der Zucht Verwendung finden sollen, sollten mit etwa 10 Wochen von ihren Wurfgeschwistern getrennt werden. Weibliche Tiere kann man dann noch 2 bis 4 Wochen zu zweit oder zu dritt in einem Käfig halten, während man die jungen Zuchtrammler in Einzelbuchten setzen muss, die sie möglichst ihr ganzes Leben lang bewohnen können. Prinzipiell sollte man Kaninchen nicht allzu oft umsetzen, da sie stets eine gewisse Anpassungsphase an die neue Umgebung benötigen.

Für die Zucht auserkorene Tiere sollte man nicht durch nährstoffreiches Futter mästen, sondern sie langsam zur Zuchtreife bringen.

In der Hobbyhaltung geht man von 2 bis 3 Würfen einer Häsin im Jahr aus. Eine gute Zuchthäsin kann durchaus 4 bis 5 Jahre im Bestand verbleiben. Gute Zuchtrammler dagegen können 1 bis 2 Jahre länger eingesetzt werden. Ein leistungsfähiger Rammler kann durchaus 2 bis 4 Mutterhäsinnen am Tag decken. Danach sollte man ihm einen Tag Pause gönnen, bevor man ihn wieder einsetzt.

Stallplan

In einem Stallplan können alle wichtigen Vorgänge für die Zucht festgehalten und folgende Termine geplant werden:

- ➔ Decktermine der Häsinnen
- ➔ Scheinträchtigkeit und erneute Decktermine
- ➔ Auffälligkeiten während der Trächtigkeit
- ➔ Geburt der Jungen
- ➔ Gewichtsentwicklung der Jungen
- ➔ Absetzen der Jungen
- ➔ Todesfälle und deren Ursachen
- ➔ eventuelle Besonderheiten oder Missbildungen der Jungen
- ➔ auftretende Erkrankungen und deren Behandlung

Neuseeländer

Es gibt Weiße und Rote Neuseeländer. In Größe und Masse unterscheiden sich beide Farbschläge kaum voneinander. Das Ursprungsland dieser Rassen ist nicht Neuseeland, sondern Kalifornien. Die mittelgroßen Tiere sind sehr frohwüchsig und frühreif und zeichnen sich zudem durch eine hohe Fruchtbarkeit aus. Wegen ihrer gedrungenen Körperform und der guten Mastfähigkeit gelten die Neuseeländer als eine außerordentliche Wirtschaftsrasse. Aufgrund ihrer Frohwüchsigkeit muss darauf geachtet werden, dass Zuchthäsinnen nicht verfetten und frühzeitiger als bei anderen Rassen gedeckt werden. Neuseeländer eignen sich hervorragend für Kreuzungszuchten. Die Kopfpartie ist sehr ausgeprägt und die Ohren sind kurz und gut behaart.

	Gewicht	maximal
Neuseeländer	4 kg	5 kg

Perlfeh

Die charakteristische Perlung dieser kleinen Kaninchenrasse, der sie auch ihren Namen verdankt, entsteht durch eine bestimmte Anordnung von Grannenhaaren mit blauen und cremefarbigen Spitzen. Im Gesamtbild erscheinen die Tiere grau. Der Körper der Tiere dieser Rasse ist gedrungen walzenförmig. Das Perlfeh-Kaninchen ist ein sehr guter Fellträger. Der Züchter sollte besonderen Wert auf eine schöne Perlung legen. Die Farbenzucht stellt kein Problem dar, da die blaue Fellfarbe rein vererbt wird.

	Gewicht	maximal
Perlfeh	2,5 kg	3,25 kg

Rex-Kaninchen

Als Rex-Kaninchen wird eine Gruppe von Kaninchenrassen bezeichnet, die zu den so genannten Kurzhaarrassen zählen, einen ähnlichen Körperbau aufweisen, sich aber in Färbung und Gewicht voneinander unterscheiden. Diese Rassen sind sehr fruchtbar und äußerst umgänglich. Auch besitzen die Rex-Kaninchen gute Muttereigenschaften, weshalb sie in Kreuzungszuchten oft auf der Mutterseite eingekreuzt werden. Sowohl die Wurfgröße als auch die Aufzuchtleistung entsprechen dem Idealbild einer guten Mutterhäsin.
Aufgrund der unterschiedlichen Abstammung gibt es zwei Gewichtsklassen. Das Foto zeigt ein Gelb-Rex.

Name	Gewicht	maximal	Farben
Chin-Rex	3,5 kg	4,5 kg	Chinchilla
Blau-Rex	3,5 kg	4,5 kg	Blau
Weiß-Rex	3,5 kg	4,5 kg	Weiß
Dreifarben-Schecken-Rex	3,5 kg	4,5 kg	Weiß mit Schwarz und Gelb
Dalmatiner-Rex	3,5 kg	4,5 kg	Schwarz-Weiß, Blau-Weiß, Havanna-Weiß, Sepiabraun-Weiß, Schwarz-Gelb-Weiß
Rhön-Rex	3,5 kg	4,5 kg	Weiß mit grauer oder schwarzgrauer Zeichnung
Gelb-Rex	3,5 kg	4,5 kg	Gelbrot
Castor-Rex	3,5 kg	4,5 kg	Kastanienbraun mit helleren Abzeichen
Schwarz-Rex	3,5 kg	4,5 kg	Schwarz
Havanna-Rex	3,5 kg	4,5 kg	Dunkelbraun
Blaugrauer Rex	3,5 kg	4,5 kg	Blaugrau
Feh-Rex	3 kg	4,5 kg	Blau mit bräunlichem Schimmer
Lux-Rex	3 kg	4,5 kg	Hell-Silberblau, durchscheinend braunrot getönt mit weißen Zeichen
Loh-Rex	3 kg	4,5 kg	Schwarzloh, Blauloh, Braunloh
Marder-Rex	3 kg	4,5 kg	Braun, Blau
Russen-Rex	3 kg	4,5 kg	Weiß mit schwarzen oder blauen Abzeichen

Gesund oder krank?

Rechte Seite: Ein sichtlich gesundes Kaninchen im Freigehege.

Bei der Kaninchenhaltung werden häufig relativ viele Tiere in größeren Stallanlagen oder Gehegen gehalten. Daher ist es hier besonders wichtig dafür zu sorgen, dass durch artgerechte Fütterung, sorgfältige Stallhygiene und sachgerechte Pflege die Tiere gesund und widerstandsfähig bleiben.

Kaninchenkrankheiten sind zumeist Faktorenkrankheiten, das heißt, mehrere ungünstige Eigenschaften rufen gemeinsam eine Krankheit hervor. Es gilt also, den Tieren möglichst optimale Bedingungen zu bieten, damit die Gefahr einer Erkrankung gering gehalten wird.

Gesundheitsvorsorge

Zuerst ist hier an die Stallausrichtung und die Gestaltung des einzelnen Stalles zu denken. Durch die optimale Ausrichtung des Stalles können schädliche Witterungseinflüsse wie pralle Sonne, Regen, Schnee, Wind und Zugluft im Käfig vermieden werden. Der Käfig selbst sollte hell, gut belüftet und trocken sein und windgeschützte Ecken aufweisen, in die sich die Tiere zurückziehen können. Eine nicht sachgemäße Haltung und Fütterung führt in Verbindung mit Zeiten besonderer Anfälligkeit der Tiere (z.B. Tragzeit, Futterumstellung, Klimaschwankungen, Haarwechsel) häufig zum Ausbrechen von Krankheiten.

Zur Vorbeugung von Krankheiten sollten die Tiere gut ernährt und die Käfige häufig gemistet und trocken gehalten werden. Dies gilt insbesondere für die Säuge- und Aufzuchtperiode der Jungtiere. Wenn sich keine Jungtiere bei der Mutter befinden, fällt weniger Kot an und die Intervalle zwischen den Reinigungen können auf 14 Tage verlängert werden.

Verfügt man in den Käfigen über mehrere einsetzbare Böden, haben die Ersatzböden dann jeweils genug Zeit zum Austrocknen. Sie sollten am besten den UV-Strahlen der Sonne ausgesetzt werden, die viele Krankheitserreger und auch ihre Dauerformen abtöten. Durch die Austrocknung der Käfige wird ferner verhindert, dass die Kaninchen in einen

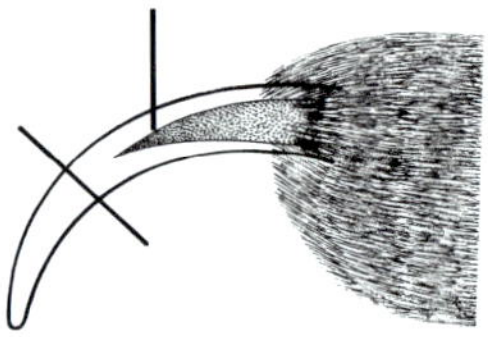

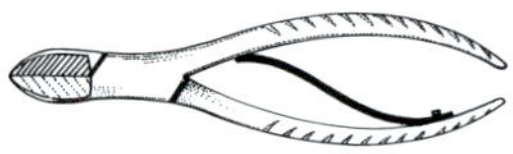

Die Krallen werden mit einer Krallenzange so gekürzt, dass die Blutgefäße keinesfalls verletzt werden.

schwül-warmen Stall zurückgesetzt werden, der die empfindlichen Atemwege der Tiere stark beeinträchtigt.

Stallhygiene

Beim Reinigen werden zunächst Kot und Einstreu entfernt. Danach wird der Käfig mit Wasser und Seifenzusätzen gereinigt. Hierbei ist zu beachten, dass anschließend der Käfig vollständig austrocknen muss. Stehen nicht mehrere einsetzbare Böden für die einzelnen Buchten zur Verfügung, sollte auf eine Nassreinigung verzichtet und der Käfig durch Ausflammen desinfiziert werden. Allerdings muss darauf geachtet werden, dass die Holzteile nicht in Mitleidenschaft gezogen werden, am besten durch ständige schnelle Hin- und Herbewegungen der Flamme. Die heiße Flamme über 120 °C tötet sämtliche Keime, Parasiten und auch deren Dauerformen ab.

Durch ein sorgsames und gekonntes Abflammen kann der Hobbyhalter in der Regel auf chemische Desinfektionsmittel verzichten. Nach Gebrauch sollten auch die Wurfkästen und alle Geräte wie das Futtergeschirr gereinigt und desinfiziert werden. Hierzu kann kochendes Wasser oder sehr heiße Sodalauge verwendet werden. Auch diese Utensilien sollten genügend Zeit zum Aus- und Abtrocknen haben. Der Sodazusatz sollte etwa 5 % betragen.

Der anfallende Kaninchenkot und die Einstreu werden am besten zusammen mit anderen Gartenabfällen kompostiert. Um die Verrottung zu beschleunigen, kann man auch Kompostwürmer einsetzen. An einem schattigen, gut belüfteten Platz kann sich so innerhalb von einem halben Jahr daraus fruchtbare Komposterde entwickeln.

Werden chemische Desinfektionsmittel eingesetzt, sollten diese von der Veterinärmedizinischen Gesellschaft (DVG) geprüft sein und den entsprechenden Stempel aufweisen. Bakterien, Pilze und Viren bekämpft man am besten mit Aldehyden, Phenolen und Kresolen, die bei einer 2 bis 4 %igen Lösung etwa 4 Stunden einwirken sollten.

Als wirksam gegen Parasiteneier, Kokzidien, Milben und Zecken haben sich organische Lösungsmittel wie Chloroform, Schwefelwasserstoff und chlorierte Kohlenwasserstoffe in einer etwa 5 %igen Lösung mit einer Einwirkzeit von etwa 2 Stunden bewährt. Zu bedenken ist hierbei, dass die chemischen Desinfektionsmittel nicht sofort im Anschluss an eine Nassreinigung ausgebracht werden dürfen, da sie sich sonst mit dem im Holz noch vorhandenen Wasser verdünnen. Eine vorherige Austrocknung der Holzkäfige ist deshalb ratsam.

Zu einer ordnungsgemäßen Stallhygiene gehört auch der Schutz des Futters vor Schadnagern wie z.B. Mäusen und Ratten. Diese Nager können nicht nur Krankheiten übertragen, sondern auch das Futter verwüsten und durch ihren Kot und Harn verunreinigen. Zur Vorbeugung empfiehlt es sich das Fertigfutter bzw. Getreide in einer Blech- oder Plastiktonne mit einem verschließbaren Deckel zu lagern. Dadurch wird es gleichzeitig vor Nässe und Feuchtigkeit geschützt. Gewarnt werden muss vor der Verfütterung von schimmligem Futter. Übrig gebliebene Grünfutterreste sollten möglichst unverzüglich aus dem Käfig entfernt werden. Auch Trinkflaschen sind möglichst oft von innen mit einer Flaschenbürste zu reinigen. Oft sind sie Sonneneinstrahlung ausgesetzt, wodurch sich Algen und Bakterien relativ schnell vermehren.

Fremde Kaninchenhalter bringen über ihre Kleidung häufig ihre stallspezifischen Keime in die besuchte Anlage mit. Deshalb sollten für Besucher ein eigener Mantel und Schuhe zur Verfügung stehen. Außerdem sollten Tierhalter nicht unmittelbar nach dem Besuch einer anderen Anlage die eigenen Käfige betreuen. Prinzipiell ist es ratsam für die Versorgung der eigenen Kaninchen spezielle Stallkleidung parat zu haben, die nur hierfür genutzt wird.

Bei der Gehege- und Freilandhaltung oder bei Ausläufen sollte das Erdreich von Zeit zu Zeit komplett abgetragen werden, da eine Entseuchung des Bodens nicht möglich ist. Wird mit Rindenmulch o. Ä. gearbeitet, so ist dieser von Zeit zu Zeit (etwa alle 4 Wochen) vollständig abzutragen und durch eine neue Schicht zu ersetzen. Allerdings ist es ratsam – wie bereits ausgeführt – bei der Freilandhaltung mit Bodenrosten zu arbeiten.

Quarantäne

Tritt in der nähreren Umgebung bei einem anderen Halter die gefürchtete Myxomatose auf, sollte die eigene Zuchtanlage bzw. Käfigfront durch ein zusätzliches Fliegengitter gesichert werden, da die Myxomatoseerreger über stechende Insekten verbreitet werden.

Die Kaninchen eines Bestandes bilden oftmals spezifische Krankheitskeime aus, gegen die sie resistent werden. Dies nennt man eine stallspezifische Immunität. Zugekaufte Tiere haben diese stallspezifische Immunität nicht und sind deshalb in der ersten Zeit besonders anfällig und können erkranken. Schon aus diesem Grund sollte von Zukäufen möglichst abgesehen werden. Neuankömmlinge tragen oft ein für ihren Herkunftsbestand typisches Erregerreservoir in sich, welches dann entweder bei diesen Tieren durch den Stress der neuen Umgebung zum Ausbruch der Krankheit führt oder aber den eigenen Bestand schädigt.

- ➔ Neuankömmlinge sollte man prinzipiell in Einzelställen für etwa 3 bis 4 Wochen von dem eigenen Bestand isoliert in Quarantäne halten. Auch der Tierhalter sollte sich gründlich die Hände waschen und einen anderen Kittel anziehen, bevor er Tiere in Quarantäne betreut.
- ➔ Prinzipiell sollten immer erst die eigenen und danach die Quarantänetiere versorgt werden, da sonst die spezifischen Erreger der Quarantänetiere auf den eigenen Bestand übertragen werden. Diese Tiere sollten auch eigenes Futtergeschirr und Zubehör haben.
- ➔ Auch von Ausstellungen zurückgebrachte Tiere sollte man 3 bis 4 Wochen in Quarantäne halten.

Rechte Seite: Gesunde Kaninchen sind die Freude des Halters.

Symptome erkennen

Fell. Das Fell des gesunden Kaninchens liegt flach an der Haut auf und ist zumeist glänzend. Kahlstellen zeigt es nicht. Frierende Kaninchen stellen ihr Fell ab. Kranke Tiere dagegen haben ein matteres, abgestelltes, unterhalb der Nase ein nasses oder im Afterbereich ein durch Kot verschmiertes Fell. Besonders den Nasenbereich und den Afterbereich gilt es zu beobachten.

Haut. Die Haut des gesunden Kaninchens ist elastisch und gibt leicht nach. Wenn die Haut ausgetrocknet ist, geht die abgehobene Hautfalte sehr langsam in ihre ursprüngliche Form zurück. Häufig ist dies bei einer nicht ausreichenden Wasserversorgung der Fall.

Verdauung. Der Bauch des gesunden Kaninchens ist meist rundlich und nicht aufgetrieben. Die Flanken sind nicht eingefallen. Tritt Durchfall auf, zeigt der Kot nicht mehr die übliche Kugelform. Verdauungsstörungen liegen auch dann vor, wenn der Kot perlschnurartig aufgereiht ausgeschieden wird. Dies ist oft bei Raufuttermangel die Folge.

Zähne. Treten überlange Zähne auf ("Elefantenzahnbildung"), sind diese Tiere von der Zucht auszuschließen.

Augen. Die Augen des gesunden Kaninchens sind sehr anteilnehmend und wandern jeder Handbewegung des Züchters hinterher. Tränende Augen und ein trüber Blick sind oft Krankheitsanzeichen.

Nase. Die Nase des gesunden Kaninchens ist zumeist trocken; während der sehr warmen Jahreszeit kann die Nase aber auch nass sein, da das Kaninchen sich über das Trinkwasser etwas Abkühlung verschaffen möchte. Beim gesunden Kaninchen bewegen sich die Nasenflügel relativ gleichmäßig und beim Hineinstellen eines fremden Gegenstandes wird dieser sofort beschnuppert. Kranke Kaninchen haben dagegen Nasenausfluss, der die Nasenöffnungen binnen kürzester Zeit verkrustet.

Ohren. Gesunde Kaninchen reagieren auf sämtliche Geräusche in ihrer Umgebung mit ihren Ohren, die sie dem jeweiligen Geräuschverursacher zudrehen. Die Ohrmuscheln müssen gut durchblutet und sauber sein. Gipsähnlicher, schuppiger Belag deutet auf Milbenbefall hin. Hinzu gesellt sich oft ein Schiefhalten des Kopfes, ein häufiges Schütteln der Ohren und ein häufiges Putzen des befallenen Ohres durch die Vorderläufe.

Werden geschlechtsreife Tiere noch zusammengehalten, treten häufig zuerst Bisswunden an den Ohren auf, die nicht mit Milbenbefall verwechselt werden dürfen. Bissverletzungen zeigen sich dadurch, dass sie auch am äußeren Rand des Ohres zu sehen sind, während Milben nur im Innenbereich des Ohres anzutreffen sind.

Atmung. Atmen die Tiere lange und rasselnd ein und sind sie bereits abgemagert, kommt eigentlich jede Hilfe zu spät. Die Atmung ist sehr beschleunigt und die Öffnungen der Nase werden oft weit aufgerissen. Diese Tiere sollten von ihren Qualen erlöst werden.

Verhalten. Kranke Tiere zeigen beim Herausnehmen keine Fluchtreaktion, während gesunde Tiere sich zumeist dem Griff des Züchters zu entziehen versuchen.

Appetit. Gesunde Kaninchen erkennt man auch an ihrem Appetit. Nach Befüllen des Futtertroges kommen diese nach einer kurzen Zeit vorsichtig an den Futtertrog und inspizieren dessen Inhalt. Gesunde Jungtiere können die Fütterungszeit kaum abwarten und springen dem Halter erwartungsfroh entgegen. Kranke Tiere dagegen beachten das Futter kaum und sitzen eher trauernd in ihrem Käfig.

Behandlungsmethoden

Vor jeder Behandlung eines kranken Tieres sollte über die Erfolgsaussichten nachgedacht werden. In vielen Fällen ist es sinnvoller das kranke Tier zu töten als es einer langwierigen Behandlung auszusetzen. Auch sollte man damit nicht so lange warten, bis die Krankheit sich auf die anderen Tiere eines Bestandes ausgedehnt hat. Prinzipiell gilt, dass nicht die Krankheit an sich zu behandeln ist, sondern deren Ursache. Treten Krankheiten nur bei einzelnen Tieren und nicht im gesamten Bestand auf, kann sich der Tierhalter hier oftmals selber helfen.

Verabreichung von Medikamenten

Medikamente für Kaninchen gibt es in verschiedenen Darreichungsformen:

- → Die Verabreichung von Medikamenten über das Trinkwasser ist oft problemlos mittels der Tränkeflasche möglich.
- → Feste Arzneimittel wie z.B. Tabletten sollten seitlich weit in Richtung der Zungenunterseite mit dem Finger eingeführt werden. Der Kopf sollte hierbei nicht zu stark nach oben überstreckt werden, da sich das Tier sonst leicht verschlucken kann.
- → Sehr konzentrierte flüssige Arzneimittel, die nicht über das Trinkwasser verabreicht werden können, sollten mit einer Spritze mit aufgesetztem Gummischlauch in die Speiseröhre eingebracht werden.

Lassen Sie sich die Handgriffe von einem Fachmann zeigen. Bezüglich der Dosierung und der Anwendungsdauer sollten die Hinweise auf dem Beipackzettel genau beachtet werden.

Gute Freunde.

Wichtige Kaninchenkrankheiten

Seuchen

Beim Kaninchen gibt es zwei bedeutende Seuchen, die auf Viren zurückzuführen sind. Sie werden von Tier zu Tier übertragen und haben eine sehr hohe Todesrate. Seuchen treten in der Regel bei Hauskaninchen einer Region gleichzeitig auf. Die Viren können auch aus Wildkaninchenbeständen eingeschleppt werden.

Hämorrhagische Viruskrankheit (VHD)

Symptome: verkrustete Naseneingänge mit Blutungen in der Nase. Die Sterblichkeit ist hoch, es ist aber möglich zu impfen.

Myxomatose

Die Erstinfektion eines Bestandes erfolgt meist durch Übertragung von Wildkaninchen durch stechende und saugende Insekten. Die Myxomatose äußert sich durch weiche Anschwellungen an sämtlichen Körperöffnungen wie z.B. der Haut am Kopf und den Ohren, den Augen, der Scheide, dem Anus. Die Tiere bekommen einen "Löwenkopf". Sie gehen meist nach 3 bis 5 Tagen ein. Eine Behandlung ist nicht möglich, nur eine vorbeugende Schutzimpfung des Bestandes mit Lyomyxovax®.

Infektiöse Bestandserkrankungen

Ansteckender Schnupfen

Die Erreger des ansteckenden Schnupfens sind zumeist Bakterien (Pasteurellose). Der sehr enge Nasen-Rachen-Gang des Kaninchens begünstigt diese Krankheit ebenso wie schlechte Umweltbedingungen (z.B. staubige, ammoniakhaltige Luft, zu warme Ställe, zu hohe Besatzdichte).

Frische Luft und frisches Grün halten gesund.

Deshalb sollten die Ställe nicht zu feucht und zugfrei sein. Die Tiere zeigen eitrigen Nasenausfluss, Niesen, Husten und haben Erkrankungen der Nebenhöhlen. Weiterhin äußert sich die Krankheit durch nassen Kehlgang, eitrige Lidbindehautentzündung, Abmagerung, Gleichgewichtsstörungen und Milchdrüseninfektion. Oft wird auch das Mittelohr befallen, so dass die Tiere ihren Kopf schief halten. Häufig schwellen auch die Leber und die Milz an.

Nach Übergreifen des Erregers auf Lunge, Gehirn, Innenohr und Generalisation auf den ganzen Körper tritt der Tod innerhalb weniger Tage ein. Eine Behandlung ist eigentlich nicht möglich, nur eine Vorbeugung über gutes Stallklima und eine Zuchtauslese, damit der Nasen-Rachen-Gang möglichst breit ist. Anfällige Häsinnen oder Tiere mit engen Nasenhöhlen sollten von der Zucht ausgeschlossen werden.

Magen-Darm-Erkrankungen

Akute Dysenterie

Die akute Dysenterie bzw. mukoide Enteritis ist eine so genannte Faktorenkrankheit, das heißt, bei ihrer Entstehung spielen mehrere Faktoren eine Rolle. Die Krankheit äußert sich in der Regel durch heftigen Durchfall, Benommenheit, kurzen Krankheitsverlauf von 1 bis 2 Tagen und eine hohe Sterblichkeit. Besonders betroffen sind Jungtiere nach dem Absetzen. Die Tiere sterben relativ schnell infolge Wassermangels, durch Elektrolytverlust und die Giftbildung der coliformen Keime.

Die Erkrankung ist zumeist fütterungsbedingt. Durch zu eiweiß- und kohlenhydratreiches Jungtierfutter nach dem Absetzen können die Eiweiße nicht vollständig aufgeschlossen werden, wodurch die Säuerung im Darminhalt nicht mehr aufrecht erhalten werden kann und eine Fäulnis im Darm auftritt. Diese Eiweißfäulnis belastet die Leber durch die Bildung von zu viel Harnsäure. Die Tiere sollten deshalb zur Vorbeugung viel Raufutter, Heu und Hafer erhalten. Prophylaktisch kann auch Medizinalfutter ins Fertigfutter gegeben werden. Auch Salzlecksteine sind von Vorteil.

Leicht erkrankten Tieren sollte neben Diätfutter eine Elektrolytelösung verabreicht werden, um die verloren gegangenen Mineralstoffe wieder zuzuführen. Die Elektrolyte können unter die Haut gespritzt werden und sind in jeder Apotheke erhältlich. Weiterhin können Antibiotika-Sulfonamide über eine Spritze eingegeben werden. Eine Behandlung über das Trinkwasser bzw. über das Futter kommt ebenfalls in Frage.

Bei akutem Auftreten ist eine Behandlung sinnlos. Besser ist es, solche Tiere zu töten und die Bucht zu reinigen und zu desinfizieren. Häufig kann die Krankheit anders als oben beschrieben verlaufen, wobei die Coli-Erreger einen schleimigen und durchsichtigen Dünndarminhalt, aber einen festen Kot verursachen. Dies ist häufig bei der mukoiden Enteritis der Fall. Die Kaninchen sterben ohne weitere Krankheitsanzeichen. Lediglich der Bauch der Tiere ist etwas aufgedunsen.

Darm- und Leberkokzidiose

Leber- und Darmkokzidiosen des Kaninchens sind durch einzellige Parasiten verursachte Krankheiten. Unter den insgesamt neun verschiedenen beim Kaninchen vorkommenden Kokzidien-Arten sind die im Darm lebenden *Eimeria*-Arten besonders krankmachend. Die Erreger sind streng wirtsspezifisch und gehen nicht auf andere Tierarten über. Sie sind aber so weit verbreitet, dass in jeder Kaninchenhaltung mit einem Kokzidienbefall gerechnet werden muss.

Zu einer starken Vermehrung der Erreger und damit zum Krankheitsdurchbruch kommt es vor allem nach einer Störung der Wechselbeziehung der im Darm lebenden Mikroorganismen, ausgelöst durch Stressfaktoren wie Futterwechsel, plötzliche Stalltemperaturunterschiede, hohe Feuchtigkeit im Stall, Beunruhigung, Absetzvorgang oder Transport zugekaufter Tiere.

Die mit dem Kot ausgeschiedenen Dauerformen der Kokzidien, die Oozysten, reifen bei hoher Feuchtigkeit innerhalb von 2 bis 4 Tagen aus und sind dann wieder infektionstüchtig. Die Gefahr, dass das Tier wieder mit seinem eigenen Kot in Berührung kommt, kann durch die Haltung auf Holzrosten vermieden bzw. reduziert werden. Die Einstreu sollte unbedingt trocken gehalten werden. Auch regelmäßige Kotentfernung vor Ausreifung der Oozysten in der Außenwelt verringert die Infektionsgefahr.

Havanna-Rex-Jungtier in fürsorglicher Pflege.

Die reifen Oozysten werden über das Wasser, das Futter und die Einstreu wieder von den Kaninchen aufgenommen. Fällt also Futter aus den Raufen auf den Boden, kann es mit Oozysten verschmutzt werden, die wieder in das Tier gelangen. Werden viele Tiere auf engerem Raum gehalten, kann die Krankheit leichter ausbrechen. Die Tiere magern häufig ab, zeigen Fressunlust, haben mitunter einen aufgeblähten Leib und zeigen Durchfallerscheinungen, Verstopfungen oder struppiges Fell. Die Darmkokzidiose führt dann zu Durchfall und schließlich zum Tod der Tiere. Hiervon sind Jungtiere im Alter von 4 bis 8 Wochen besonders betroffen.

Von der Leberkokzidiose (Gallengangkokzidiose) werden meist Tiere ab der 8. bis 9. Lebenswoche betroffen. Der Kot ist sehr hart und trocken. Oft wird auch klarer, durchsichtiger Schleim aus dem Anus ausgeschieden. Durch eine parasitologische Untersuchung können die Oozysten im Kot- und im Darmabstrich bzw. in den Gallengängen nachgewiesen werden.

Zur Behandlung eignen sich entsprechend tierärztlicher Anweisungen Sulfonamidpräparate, die zweimal drei Tage lang mit zweitägiger Unterbrechung verabreicht werden. Zur Vorbeugung sind so genannte Kokziostatika als Futterzusätze in Kaninchenfertigfuttermischungen zu beziehen. Um eine Rückstandsbildung auszuschließen, ist fünf Tage vor der Schlachtung die Umstellung auf kokziostatikafreies Futter vorgeschrieben.

Außenparasiten

Bei den Außenparasiten sind vor allen Dingen Milben, Läuse, Flöhe und auch vereinzelt Zecken die Auslöser von Hautkrankheiten.

Ohrenräude

In den Ohrmuscheln bilden sich blätterartige Borken. Meist wird dann der Kopf zu einer Seite gelegt.

Kopf- oder Hauträude

Diese Krankheit wird oft durch Ratten oder Mäuse in den Bestand eingeschleppt. Symptome sind zuerst Haarausfall und dann am ganzen

Körper Schuppenbildung. Die Krankheit entsteht zumeist an den Lippen und an den Augen. Eine Bekämpfung sollte in Absprache mit dem Tierarzt erfolgen. Eine gründliche Stallreinigung ist unumgänglich.

Kreislaufversagen

Hitzestau

Wenn ein Kaninchen im Sommer der prallen Mittagshitze ausgesetzt ist, entsteht ein Wärmestau in seinem Körper. Der Körper versucht Wärme vom Körperinneren an die Außenflächen zu transportieren. Dies zeigt sich daran, dass die Ohren sehr stark durchblutet werden und eine rötlich-blaue Färbung aufweisen. Zudem hecheln die Tiere und wirken benommen. Die Tiere sollten sofort in den Schatten gebracht und die Ohren zur Abkühlung in kaltes Wasser getaucht werden. Auch eine erhöhte Luftbewegung zur Abkühlung ist zu empfehlen.

Trächtigkeitsstress und Milchfieber

Ohne ersichtlichen Grund sterben einzelne Häsinnen 4 bis 5 Tage vor der Geburt oder 10 bis 15 Tage nach dem Werfen der Jungtiere. Es handelt sich hierbei um **Trächtigkeitsstress**, eine Kreislaufkrankheit, die sich kurz vor dem Tod durch Benommenheit äußert. Ursache ist ein Elektrolytverlust und eine Störung des Glukosestoffwechsels 4 bis 5 Tage vor dem Wurftermin. Wird dies durch den Kaninchenhalter rechtzeitig erkannt, kann mittels einer Elektrolyt-Glukose-Injektion (etwa 5 ml/kg Körpergewicht) eingegriffen werden. Als Vorbeugemaßnahme sollte nicht zu energiereiches Futter verwendet werden.
Milchfieber äußert sich durch Streckkrämpfe des Körpers bei einer gleichzeitig bläulichen Verfärbung der Haut und der Ohren. Ursache ist ein zu hoher Kalziumverlust infolge der Milchgabe. Zur akuten Behandlung kann eine rasche Kalzium-Injektion dienen, zur Vorbeugung sollten Salzlecksteine angeboten werden.

Milchdrüsenentzündung

Die Zitzen der säugenden oder abgesetzten Häsin sind sehr hart und vergrößert. Es bilden sich Abszesse, aus denen Eiter austritt. Ursache sind Bakterien (Pasteurellen, Staphylokokken, Streptokokken und *Escherichia coli*), die bei unsauberen Käfigböden in die Zitzen eindringen. Gefördert wird dies noch durch kleinste Bissverletzungen der Zitzen durch die Jungtiere. Eine Behandlung mit Antibiotika kann Abhilfe schaffen.

Thüringer

Diese mittelgroße Rasse zeichnet sich durch außerordentliche Frohwüchsigkeit aus. Der Körper der Tiere ist kurz und gedrungen. Sie haben einen starken Kopf und kurze, fleischige Ohren. Sie sind recht robust und frühreif und gelten als äußerst wirtschaftlich. Thüringer liefern Felle, die schon unveredelt von hervorragender Qualität sind. Ähnlich wie beim Russenkaninchen unterliegt die Farbe den Einflüssen durch die Temperatur, das heißt, Kälte begünstigt eine Schwarzfärbung . Außerdem werden die Tiere mit zunehmendem Alter dunkler. Die Thüringer stehen den heutigen Spitzenrassen nicht mehr viel nach. Die Farbe dieser Kaninchen ist gelbrötlich-braun mit rußartigem Schleier.

	Gewicht	maximal
Thüringer	3,5 kg	4,25 kg

Weißgrannen

Diese Kaninchen wirken durch die Farbe und Zeichnung ihres Felles äußerst ansprechend. Anfang des 20. Jahrhunderts waren sie in Europa als Silberfuchsersatz bekannt geworden. Die mittelgroße Rasse ist sehr lebhaft, dabei aber leicht zu handhaben und zeigt hohe Fruchtbarkeitsleistungen. Sie ist frohwüchsig und die Futterverwertung ist als gut anzusehen. Die Tiere sind im Allgemeinen recht widerstandsfähig gegen ansteckende Krankheiten. Der Körperbau ist kompakt, wobei die Beckenmuskulatur nicht so stark ausgeprägt ist. Die Unterwolle ist sehr dicht und besitzt nur an den unteren Seitenflächen weiße Grannenspitzen, die über die dunkle Grundfarbe hinausragen. Die Innenseite der Läufe und die Unterseite der Blume sind weiß. Weißgrannen gibt es in den Farben Schwarz, Blau und Braun.

	Gewicht	maximal
Weißgrannen	3,5 kg	4,25 kg

Wiener

Man unterscheidet Blaue, Blaugraue, Schwarze, Graue und Weiße Wiener. Diese Rassen sind sehr frohwüchsig und fruchtbar, dabei aber dennoch robust und relativ unempfindlich. Die Tiere haben ein ruhiges Gemüt und wirken daher sehr ausgeglichen. Durch das ruhigere Temperament wird die Futterverwertung begünstigt. Der Körper ist muskulös und kompakt, wodurch diese mittelgroße Rasse wirtschaftlich sehr interessant ist. Weiße Wiener sind eine unabhängige, selbstständige Rasse, die auf andere Vorfahren als die anderen Wiener zurückgeht. Diese Rasse hat ein rein weißes Fell ohne Pigmentierung, während Haut und Augen hellblau pigmentiert sind. Sie sind keine Albinokaninchen, denn dann wären zusätzlich noch Haut und Augen ohne Farbstoffeinlagerungen.

	Gewicht	maximal
Blaue Wiener	Über 4,25 kg	5,25 kg
Blaugraue Wiener	Über 4,25 kg	5,25 kg
Schwarze Wiener	Über 4,25 kg	5,25 kg
Weiße Wiener	4 kg	5 kg
Graue Wiener	4 kg	5 kg

Produkte

Kaninchen liefern dem Selbstversorger nicht nur hochwertiges, gesundes Fleisch, auch die Felle und bei Angorakaninchen die Wolle können zu Kleidungsstücken oder Dekorationsgegenständen individuell verarbeitet werden.

Kaninchenfleisch ist sehr schmackhaft und gesund. Die Möglichkeit sich selbst mit Fleisch zu versorgen, dessen Herkunft man genau kennt, hat in der heutigen Zeit der Massentierhaltung einen besonders hohen Stellenwert.

Fleisch

Rechte Seite: Neben schmackhaftem Fleisch liefern Kaninchen schöne Felle.

Bedeutendste Nutzleistung unserer Kaninchen ist das Fleisch. Allerdings werden in Deutschland lediglich 300 bis 400 g Kaninchenfleisch pro Kopf und Jahr verzehrt, während es in Malta immerhin 8 kg, in Frankreich ungefähr 6 kg, in Italien 5 kg und in Spanien 4 kg sind.

Einer der Gründe für den geringen Verzehr in Deutschland mag sein, dass Kaninchenfleisch seit den Mangeljahren in und nach dem 2. Weltkrieg das Image eines "Arme-Leute-Essens" hat. Ein weiterer Grund ist sicherlich die Tatsache, dass die Portionsvermarktung, das heißt die Vermarktung des Kaninchens in Teilstücken, erst in den letzten Jahren zugenommen hat. Durch die Portionsvermarktung kann man den Schlachtkörper familien- und mahlzeitgerecht anbieten. Zudem wird Kaninchenfleisch häufig als Braten und deshalb zumeist in der kälteren Jahreszeit zubereitet. Diese strenge jahreszeitliche Abhängigkeit der Nachfrage nach Kaninchenfleisch ist vollkommen unerklärlich, da das Fleisch u.a. fettarm und leicht verdaulich ist und sich deshalb auch für die wärmere Jahreszeit sehr gut eignet.

Kaninchenfett hat zumeist die gewünschte weiße Fettfarbe. Eine gelblichere Fettfarbe lässt darauf schließen, dass die Fütterung vor der Schlachtung nicht optimal war. Sie entsteht durch die Karotinoide im Grünfutter, die fettlöslich sind und somit in das Fettgewebe eingelagert werden. Im Normalzustand unterliegt das Fettgewebe einem dynamischen Gleichgewicht, das heißt, das Tier ergänzt seine Gewebe ständig. Während einer energieärmeren Fütterungsphase wird ein Teil des Fettes zur Aufrechterhaltung der normalen Körperfunktion eingeschmolzen. Die im Fett eingelagerten Karotinoide sind davon aber nicht betroffen. Bei Hungerphasen sind sie also auf weniger Fett verteilt, wodurch das Fettgewebe gelber erscheint. Verstärkt wird dieser Effekt dadurch, dass diese

Der gesundheitliche Wert von Kaninchenfleisch

- ➔ Beim Verzehr von Kaninchenfleisch wird nur sehr wenig Harnsäure gebildet, die Gicht verursachen kann.
- ➔ Jungkaninchenfleisch hat einen extrem niedrigen Cholesteringehalt.
- ➔ Das Fett von Kaninchen hat einen sehr hohen Anteil an ungesättigten Fettsäuren, die ihrerseits wieder Erkrankungen der Herzkranzgefäße vorbeugen.
- ➔ Kaninchenfleisch hat einen 2- bis 3-mal höheren Eisengehalt als anderes Fleisch.
- ➔ Fleisch von Kaninchen hat ein zartes Aroma und keinen strengen Eigengeschmack.
- ➔ Das Fleisch ist leicht verdaulich und daher als Diätnahrung geeignet.
- ➔ Im Vergleich zu anderen Fleischsorten ist der Eiweißgehalt sehr hoch und der Fettgehalt gering.
- ➔ Der Fettansatz bei Kaninchen konzentriert sich hauptsächlich auf das Nierenfett und auf das Nackenfett. Beide Fettdepots können relativ leicht entfernt werden. Der Anteil des in den Muskelfasern eingelagerten Fettes ist beim Kaninchen relativ gering.

Farbstoffe ständig in das Fettgewebe eingelagert werden.

Eine optimale Ernährung der Kaninchen vor der Schlachtung fördert auch die Zartheit des Fleisches. Bindegewebe umgibt Gruppen von Muskelfasern und verleiht ihnen Halt. Dieses Bindegewebe wirkt sich auf die Zartheit des Fleisches aus. Sind die Muskelfasern infolge einer guten und reichhaltigen Ernährung der Kaninchen groß und rund, ist der Anteil des Bindegewebes am Muskelfleisch relativ gering und das Fleisch ist zart. Sind dagegen die Muskelfasern infolge einer schlechteren Ernährung dünn, nimmt der Bindegewebsanteil zu, das Fleisch erscheint zäher.

Hinzu kommt, dass sich mit zunehmendem Alter Bindegewebe und Gerüsteiweiß stärker vernetzen und fester eingebunden werden (zähes Fleisch). Während bei jüngeren Tieren das Bindegewebe noch weich ist, nimmt es bei älteren Tieren eine feste, stabile und unlösliche Struktur an. Dies ist auch der Grund, warum man früher das Fleisch von älteren Kaninchen in Buttermilch eingelegt hat. Die Buttermilch sollte durch die darin vorhandenen Milchsäurebakterien das Bindegewebe schädigen und das Fleisch zarter machen.

Schlachtung

Das optimale Mastendgewicht der Schlachttiere ist erreicht, wenn diese etwa 60 bis 70 % des Gewichtes der ausgewachsenen Tiere erreicht haben. Schlachttiere sollten etwa 15 Stunden vor der Schlachtung nicht mehr gefüttert werden. Trinkwasser muss den Tieren aber weiterhin angeboten werden. Während dieser Nüchterung verringert sich das Lebendgewicht um etwa 3 %. Vor der Schlachtung sollte möglichst jeglicher Stress vermieden werden. Stress kann z.B. entstehen, wenn die Tiere längere Zeit im Schlachtraum verbringen müssen oder wenn sie nicht ordnungsgemäß betäubt werden.

Sollen die geschlachteten Tiere an einen Wiederverkäufer geliefert werden, besteht die Pflicht der amtlichen Lebendbeschau. Die Tiere müssen also vor der Schlachtung durch einen von der zuständigen Behörde (Veterinäramt) zugelassenen Tierarzt untersucht werden.

Den Vorgang des Schlachtens sollten Sie sich auf jeden Fall von einem Fachmann zeigen lassen. Das Tier wird zunächst betäubt, entweder durch einen Schlag ins Genick oder durch ei-

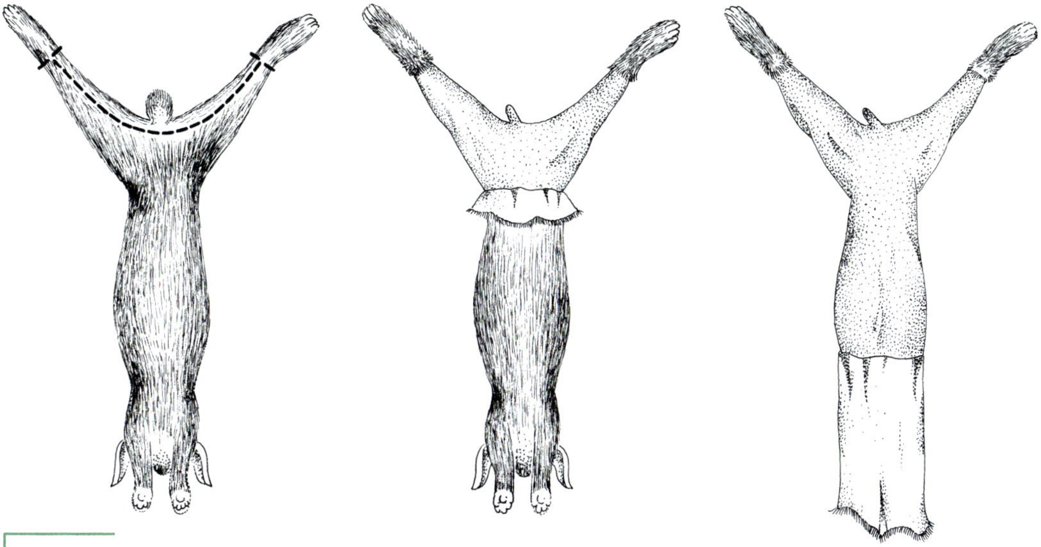

Schematische Darstellung zum Abziehen des Felles.

nen Schussapparat. Dann durchtrennt man die Schlagader am Hals und lässt das Tier gründlich ausbluten.

Bei einer gewerblichen Schlachtung werden höhere hygienische Anforderungen an den Schlachtraum gestellt. Vor Einrichtung eines gewerblichen Schlachtraumes sollte man sich diesbezüglich mit dem zuständigen Veterinäramt in Verbindung setzen.

Prinzipiell unterscheidet man die gewerbliche Schlachtung von der Hausschlachtung. Eine Hausschlachtung liegt immer dann vor, wenn das Fleisch zum Verzehr im eigenen Haushalt verwendet wird. Um eine gewerbliche Schlachtung handelt es sich, wenn der Schlachtkörper verkauft werden soll.

Wird Fleisch direkt an den Endverbraucher, d.h. an denjenigen, der das Fleisch in seinem eigenen Haushalt zubereitet, verkauft, handelt es sich hierbei zwar um eine gewerbliche Schlachtung, die Lebend- und Fleischbeschau kann aber entfallen. Dem einzelnen Endverbraucher werden gesetzlich Gaststätten und Einrichtungen zur Gemeinschaftsverpflegung (z.B. Krankhäuser, Altenheime, Schulküchen) gleichgestellt, da diese das geschlachtete Kaninchen in ihren eigenen Räumen zubereiten und nicht weiterhandeln. Gleiches gilt für Gewerbetreibende (z.B. Metzger) zur Zubereitung innerhalb ihrer Betriebsstätte.

Nachdem das Fell abgezogen ist, muss der frische Schlachtkörper so schnell wie möglich auf eine Temperatur von 4 °C heruntergekühlt werden. Bei dieser Auskühlungsphase ist darauf zu achten, dass möglichst von allen Seiten Luft an den Schlachtkörper herantreten kann.

Nach etwa 24 Stunden kann der Schlachtkörper zerteilt oder im Ganzen abgepackt werden. Vorher müssen allerdings die Afterdrüsen ent-

Gewichtsanteile der Teilstücke des Schlachtkörpers	
Teilstück	**Gewichtsanteil**
Kopf	10 %
Vorderläufe	25 %
Rücken und Bauch	30 %
Keulen	35 %

fernt werden. Entlang des Nierenfettes sollten sich keine Innereien mehr befinden. Beim Zerteilen empfiehlt sich folgende Reihenfolge:

→ Der Körper wird auf den Rücken gelegt, der Kopf abgetrennt und die Leber entfernt.

→ Der Brustkorb wird mit den Vorderläufen vom Rücken abgetrennt, wobei dicht an der ersten Rippe vom Rücken aus gesehen das Messer angesetzt wird.

→ Der Schlachtkörper wird wieder umgedreht und die Keulen werden an der Beckenspitze vom Rücken abgetrennt.

→ Beide Keulen werden in Einzelteile zerlegt: Ein Schnitt wird eng an der Wirbelsäule entlang in Richtung Becken angesetzt. Dann können beide Keulen an der Schnittstelle durchbrochen werden. Mit dem Messer werden nun die letzten Verbindungsstücke durchtrennt.

→ Zum Zerlegen der beiden Vorderläufe wird das Messer durch den Brustraum mit der Messerspitze an einer Seite Richtung Hals entlang geführt. Entlang der Wirbelsäule werden die Rippen durchtrennt. Dann dreht man den Brustkorb um und führt den gleichen Schnitt auf der anderen Seite aus.

→ In der Halsgegend entfernt man nun die restlichen Lungenstücke und die Luftröhre. Auch das restliche Halsstück sollte von den Vorderläufen abgetrennt werden.

→ Noch vorhandene Haarreste sind vom Schlachtkörper zu entfernen.

Sollen nur Rücken und Keulen verkauft werden, sind diese preislich höher zu bewerten als die Vorderläufe. Die Nieren verbleiben im Rücken und die Leber kann separat mit Rücken, Keulen oder Vorderläufen verkauft werden. Die Einzelteile werden nun in Gefrierbeutel verpackt und diese durch einen Klipp verschlossen. Soll der Schlachtkörper noch einige Tage frisch aufbewahrt werden, muss er unbedingt im Kühlschrank gelagert werden. Ansonsten kann er sofort tiefgefroren werden.

Felle

Die Qualität eines Kaninchenfells ist hauptsächlich von seiner Dichthaarigkeit abhängig. Ebenso wichtig ist die vollständige Weißledrigkeit des Felles, die ein Beweis für die Aushaarung und somit für die Fellreife ist. Die Fellreife ist oft schon mit sieben Lebensmonaten erreicht. Gute Fellqualitäten sind nur von älteren Tieren in Außenställen nach dem Haarwechsel im Winter zu erreichen.

Verarbeitung der Felle

Die Felle müssen am Tag der Schlachtung verarbeitet oder konserviert werden. Die Konservierung kann durch Trocknen, Einsalzen oder Einfrie-

Verschiedene Qualitätsstufen der Felle

➔ "Waschkanin": schlechteste Qualität, wird zur Leimherstellung verwendet.
➔ "Schneidekanin": Felle von Jungtieren und solche, die schlecht aufgespannt waren; sie werden geschoren und aus den gewonnenen Haaren werden Filze hergestellt.
➔ "Futterkanin": bessere Jungtierfelle, die für Pelzfutter verwendet werden.
➔ "Lederkanin": Felle von älteren Rammlern, die als Handschuh- oder Schuhleder und als Lederbesatz verarbeitet werden.
➔ "Kürschnerkanin": fehlerfreie Felle von höchster Qualität, werden zu Kleidungsstücken u.a. verarbeitet.

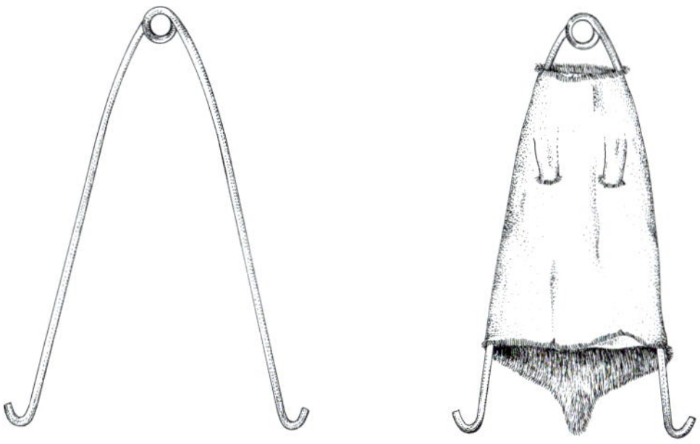

Spannvorrichtung für Kaninchenfelle.

ren erfolgen. Für Kleinhaltungen ist das Trocknen zu empfehlen. Hierfür wird das Fell auf einen Spanner aus Holz oder Metall gezogen und an einem luftigen Platz getrocknet.

Holzspanner sind leicht selber herzustellen. Sie bestehen aus zwei 90 cm langen Schenkeln, die im Kopfbereich durch ein 10 cm langes und im Fußbereich durch ein 20 cm langes Querstück verbunden sind. Man kann auch ein ähnlich geformtes Holzstück verwenden.

➔ Das Fell wird mit dem Haar nach innen aufgezogen.
➔ Es sollte möglichst faltenfrei gespannt werden, ohne extrem straff zu sein.
➔ Mit einem stumpfen Messer oder einem Löffel werden nun die noch anhaftenden Fleisch-, Blut- und Fettreste entfernt.
➔ Zum Trocknen werden die gespannten Felle an einem schattigen, trockenen, gut belüfteten Platz aufgehängt.
➔ Die Temperatur sollte 40 °C nicht überschreiten.

Werden die getrockneten Felle länger aufbewahrt (weil man eine gewisse Menge sammeln will, um z.B. eine Jacke daraus anzufertigen), sollten sie mit einem geeigneten Insektizid (z.B. Mottenkugeln, Mottenpapier) behandelt werden.

Die durchgetrockneten Felle werden als Rohfelle bezeichnet. Vor der Weiterverarbeitung müssen sie gegerbt werden. Man kann die Felle zwar selber gerben, aber da dieser Vorgang sehr aufwändig und langwierig ist, geben die meisten Kaninchenzüchter ihre Felle in eine Gerberei und erhalten sie dann als so genannte Kürschnerfelle zurück. Aus ihnen lassen sich Jacken, Mäntel, Westen und Mützen, aber auch Felltiere, Hocker, Wandbehänge, Kissenhüllen und vieles mehr anfertigen. Die Frauengruppen in den Kaninchenzuchtvereinen geben gerne Tipps und Anleitungen für die Fellverwertung.

Angorawolle

Die Erzeugung von Angorawolle ist im Vergleich zu früher leider im Rückgang begriffen, obwohl das Haar der Angorakaninchen absolute Spitzenqualität besitzt. Im Gegensatz zur Angoraziege, die das Mohair liefert, ist die Güte der Angorawolle des Kaninchens unabhängig vom Alter gleichbleibend gut. Die Wolle hat eine ausgezeichnete Isolierwirkung, ein geringes Gewicht und nimmt Feuchtigkeit gut auf. Für die Wollerzeugung muss im Jahr ein zusätzlicher Arbeitsaufwand von etwa 3 Stunden pro Tier gerechnet werden.

Die Haare der Angorakaninchen können über 20 cm lang werden. Der durchschnittliche Jahresertrag liegt bei 1000 g, Spitzenerträge können auch bis zu 2000 g erreichen.

Geschoren wird drei- bis fünfmal im Jahr unter der Berücksichtigung der Temperaturverhältnisse. Zur Schur verwendet man entweder eine Schere mit abgerundeter Spitze oder besser eine elektrische Schermaschine.

Übliche Schurtermine sind Mitte bis Ende März, Juni, September und Dezember, wobei besonders im Winter darauf geachtet werden muss, dass die Tiere anschließend nicht frieren. Nach 2 bis 3 Tagen beginnt das Haar wieder nachzuwachsen und nach 10 Tagen hat das Angorakaninchen wieder sein normales Fellkleid.

Nach der Schur sollten die Tiere für mindestens zwei Wochen in einem Raum untergebracht sein, in dem die Temperatur nicht unter 15 °C fällt. Bei Freilandhaltung sollte die Einstreu verstärkt, bei Außenställen die Buchtentüren verhängt werden.

Aufgrund des sehr dichten Haarkleides dürfen die Haltungstemperaturen bei Angorakaninchen 35 °C nicht überschreiten, da die Tiere sonst

Qualitätsstufen von Angorawolle

Klasse I	rein weiß, vollkommen sauber, unverworren, mindestens 6 cm lang. Bei einem 3-monatigen Schurintervall beträgt der Anteil bei männlichen Tieren 65 %, bei weiblichen 75 %.
Klasse II	rein weiß, vollkommen sauber, unverworren, unter 6 cm, jedoch mindestens 3 cm lang.
Klasse III	rein weiß, vollkommen sauber, unverworren, weniger als 3 cm lang.
Filz I	rein weiß, vollkommen sauber, verfilzt, verworren.
Filz II	weiß, verfilzt, verworren, verunreinigt und/oder mit Fremdkörpern durchsetzt.

Angorakaninchen mit prachtvollem weißem Fell.

überhitzen, was z.B. bei trächtigen Tieren auch zum Absterben der Embryonen führen kann.

Eine Angorazucht sollte man in jedem Fall mit Tieren mit Abstammungs- und Leistungsnachweis beginnen. Von besonderer Bedeutung sind hier Angoraleistungs- und Herdbuchzuchten.

Verzeichnisse

Bevor man sich für eine Kaninchenrasse entscheidet, sollte man sich vor Ort beim Züchter informieren und beraten lassen oder man wendet sich direkt an einen der örtlichen Kaninchenzuchtvereine. Diese beraten nicht nur über die geeignete Rasse für den Anfänger, sondern können auch wertvolle Tipps z.B. zum Käfigbau und zum Kaninchenzuchtbedarf geben. Zudem verfügt man dann über örtliche Ansprechpartner, die einem gerne jederzeit mit Rat und Tat zur Seite stehen. Indem man sich die langjährige Erfahrung der Züchter zunutze macht, können so viele Fehler von vornherein vermieden werden.

Auch kann man mit dem Vorsitzenden seines Landesverbandes im Zentralverband Deutscher Kaninchenzüchter e.V. (ZDK) Kontakt aufnehmen. Von diesen erhält man gegen einen kleinen Unkostenbeitrag das Ausstellerverzeichnis der letzten Landes-Kaninchen-Schau. In diesem Verzeichnis findet man unterteilt nach Rassen die Aussteller mitsamt ihrer Anschrift. So findet man die nächstgelegenen Züchter, bei denen man sich dann – selbstverständlich nach vorheriger Absprache – zumeist über die gehaltene Rasse vor Ort informieren kann.

Über die Landesgruppen kann man auch Kontakt zu den Frauengruppen aufnehmen, die sich hauptsächlich mit der Fellverwertung und -verarbeitung beschäftigen, sowie mit den Jugendleitern, die den nicht so erfahrenen Jungzüchtern im ZDK gerne mit Rat und Tat zur Seite stehen.

Adressen der Vorsitzenden der Landesverbände im ZDK

Landesverband Baden
Jörg Hess, Untere Stöckstr. 17, 75180 Pforzheim-Büchenbronn
Tel. und Fax 07231/73283

Landesverband Bayern
Erwin Leowsky, Sonnenstr. 20, 95213 Münchberg
Tel. 09251/960031, Fax 960031

Landesverband Berlin-Mark Brandenburg
Karl-Heinz Heitz, Biedermannweg 15, 14052 Berlin
Tel. 030/30207056

Landesverband Bremen
Peter Mickmann, Mittelfeldweg 19b, 27607 Langen
Tel. 04743/6582

Landesverband Hamburg
Ulrich Hinrichsmeyer, Dachsweg 7, 21266 Jesteburg
Tel. 04183/9759390, Fax 9759391

Landesverband Hannover
Karl-Heinz Cleve, Vor den Beeken 18, 38268 Lengede
Tel. 05344/6860, Fax 803888

Landesverband Hessen-Nassau
Ronald Mertinkus, Von-Brentano-Str. 16, 63073 Offenbach/Bieber
Tel. 069/894000, Fax 894047

Landesverband Kurhessen
Bernhard Große, Im Rosengarten 8, 37269 Eschwege
Tel. 05651/96276, Fax 96277

Landesverband Mecklenburg-Vorpommern
Peter Kalugin, Straße der Einheit 1, 19217 Schlagresdorf
Tel. 038875/229878, Fax 038867/22200

Landesverband Rheinland
Hubert Bürling, Zur Kakushöhle 1A, 53894 Mechernich-Eiserfey
Tel. 02484/698, Fax 2940

Landesverband Rheinland-Nassau
Josef Groß, Im Wingertsberg 12, 56651 Niederdürenbach
Tel. und Fax 02636/6418

Landesverband Rheinland-Pfalz
Harald Jung, Im Flürchen 9, 67757 Kreimbach
Tel. und Fax 06308/7121

Landesverband Saar
Ernst Gilcher, Steinstr. 16, 66636 Tholey-Sotzweiler
Tel. und Fax 06853/892039

Landesverband Sachsen
Manfred Seiler, An der Siedlung 10a, 01468 Moritzburg
Tel. und Fax 035207/82021

Landesverband Sachsen-Anhalt
Klaus Zimmermann, Bierer Str. 9,
39221 Welsleben
Tel. 039296/20275, Fax 20341

Landesverband Schleswig-Holstein
Günter Mahrt, Legan 18, 24816
Stafstedt
Tel. 04875/449

Landesverband Thüringen
Reiner Becker, Karl-Marx-Str. 4,
36457 Stadtlengsfeld
Tel. 036965/62303, Fax 61430

Landesverband Weser-Ems
Christian Ruhr, Wiardstr. 12, 26725
Emden
Tel. 04921/51230
Landesverband Westfalen
Walter Pfeifer, Hubertusstr. 7,
57439 Attendorn
Tel. 02722/5703, Fax 6395840

Landesverband Württemberg und Hohenzollern
Ulrich Hartmann, Riedstr. 10,
73553 Alfdorf
Tel. und Fax 07172/31355

Bezugsquellen für Zubehör

Futterautomaten, Wurfkästen
Klaus Kunststofftechnik GmbH
Siechenreuteweg 21-25
87700 Memmingen
Tel. 08331/82080
www.klaku.de

Nippeltränken
Lubing Maschinenfabrik
Ludwig Bening GmbH & Co. KG
Am Kampe 60
49406 Barnstorf
Tel. 05442/98790
www.lubing.de

Literatur

Bücher

Golus, Karin: Attraktives aus Kaninchenfell. Oertel + Spörer, Reutlingen 1999.
Gratwohl, Karl und Scholz, Hans-Peter: Kaninchen-Kompass. Oertel + Spörer, Reutlingen 2001.
Grün, Peter: Kaninchen halten. 3. Aufl. Verlag Eugen Ulmer, Stuttgart 1999.
Reber, Ulrich: Kaninchenhaltung. 3. Aufl. Oertel + Spörer, Reutlingen 2001.
Thormann, Lothar: Kaninchenställe und Stallanlagen. Oertel + Spörer, Reutlingen 1999.
Tietz, Oda: Pikantes rund ums Kaninchen. Oertel + Spörer, Reutlingen 1998.
Winkelmann, Johannes und Lammer, Hans-Jürgen: Kaninchenkrankheiten. Verlag Eugen Ulmer, Stuttgart 1996.

Zeitschriften

Deutscher Kleintierzüchter, Verlag Oertel + Spörer, Reutlingen (erscheint zweimal im Monat)
Kaninchen, Deutscher Bauernverlag, Berlin (erscheint einmal im Monat)

Dank

Der Verlag dankt dem Kleintierzüchterverein Gaisburg; Joachim Brack, Herleshausen; Gerhard Pflüger und Enkelin Vanessa, Sontra; Familie Lorey, Röhrda sowie Familie Deichmann, Wimsheim und ihren Kaninchen stellvertretend für alle, die für die Fotoaufnahmen so viel Zeit und Geduld aufgebracht haben.

Register

Sternchen* verweisen auf Abbildungen

Bildquellen und Impressum

Fotos

Naturfoto Kuczka, Wetter: Seite 48, 78.
Reinhard-Tierfoto, Heiligkreuzsteinach: Seite 33, 91.
Sven Seim, Oberstenfeld: Seite 52.
Iris Stanislowski-Hagedorn, Osnabrück: Seite 82 unten.
Karl Stauber, Orpund (CH): Seite 53 oben.
Regina Kuhn, Stuttgart, Herleshausen: Titelfoto und alle übrigen Fotos im Innenteil.

Zeichnungen

Sven Seim, Oberstenfeld: Seite 21, 23, 25, 26, 27, 29, 30, 34, 36.
Kerstin Heß, Stuttgart: alle übrigen Zeichnungen.

Bibliografische Information der Deutschen Nationalbibliothek
Die Deutsche Nationalbibliothek verzeichnet diese Publikation in der Deutschen Nationalbibliografie; detaillierte bibliografische Daten sind im Internet über http://dnb.d-nb.de abrufbar.

ISBN-13: 978-3-8001-5472-2

Wollgrasweg 41, 70599 Stuttgart (Hohenheim)
E-Mail: info@ulmer.de
Internet: www.ulmer.de
Umschlaggestaltung: Atelier Reichert, Stuttgart
Titelfoto: Regina Kuhn
Lektorat: Dr. Gabriele Lehari. Ina Vetter, Dr. Eva-Maria Götz
Herstellung, Layout und DTP: Ulla Stammel
Druck und Bindung: Firmengruppe Appl, aprinta druck, Wemding
Printed in Germany